时装画零基础
速成必修课

鹿振荣　蔡长青　编著

人民邮电出版社
北京

图书在版编目（CIP）数据

时装画零基础速成必修课 / 鹿振荣，蔡长青编著
. —— 北京 : 人民邮电出版社，2019.9（2022.10重印）
ISBN 978-7-115-51602-2

Ⅰ. ①时… Ⅱ. ①鹿… ②蔡… Ⅲ. ①时装—绘画技
法 Ⅳ. ①TS941.28

中国版本图书馆CIP数据核字(2019)第131050号

内 容 提 要

时装画手绘是服装设计者需要掌握的基本技能。针对越来越多的行业新人及服装制作爱好者，本书作者根据多年行业教学与实践经验，编写了本书，以满足初学者全面了解时装画绘画技法，夯实基础，快速进阶的学习需求。

全书共7章。第1章介绍绘制时装画所需工具；第2、3章讲解人体的绘制技法，包括人体比例结构、动态以及头、手、脚的绘制；第4章讲解基础的服装绘制，包括服装款式结构、服装褶皱的细节分析和整体服装绘制解析；第5、6章讲解时装画上色技巧，包括基础色彩知识、不同工具的上色技法以及人物美妆上色技法和服装的上色表现；第7章讲解时装画服装质感的表现，列举了9种常见面料的质感表现方法。

本书体系清晰，讲解详细，并配有相关的范画视频，是广大服装设计初学者、爱好者的时装画手绘实用入门教程，也可作为服装类专业院校和培训机构的参考图书。

◆ 编　著　鹿振荣　蔡长青
　　责任编辑　王雅倩
　　责任印制　陈　犇

◆ 人民邮电出版社出版发行　　北京市丰台区成寿寺路 11 号
　　邮编　100164　　电子邮件　315@ptpress.com.cn
　　网址　https://www.ptpress.com.cn
　　涿州市京南印刷厂印刷

◆ 开本：787×1092　1/16
　　印张：10　　　　　　　　　　2019 年 9 月第 1 版
　　字数：262 千字　　　　　　　2022 年 10 月河北第 9 次印刷

定价：68.00 元

读者服务热线：(010)81055296　印装质量热线：(010)81055316
反盗版热线：(010)81055315

广告经营许可证：京东市监广登字 20170147 号

目 录

时装画的常用绘制工具

01

时装画人体图及人体动态表现

02

03

时装画人物头部、手部和脚部的绘制

04

服装基础知识与服装效果图的线稿绘制

色彩知识与服装色彩搭配

05

06

时装画基础上色技法

07

时装画中不同面料的质感表现

时装画的常用绘制工具

01

第1节　线稿工具

绘制时装画的工具与一般绘画的工具并没有太大区别。根据时装画的应用需求，有的需要绘制精致的形态、结构细节，有的需要表现大面积的色彩，有的需要呈现细腻的面料质感……我们要以目的决定工具的选择。这一节，我们介绍常用的线稿工具；后面的小节分别介绍上色工具与其他工具。

1　起稿工具——自动铅笔和传统铅笔

时装画要求画面干净整洁，可用 0.3mm 笔芯的自动铅笔来起稿。另外，传统铅笔具有独特的铅笔笔触且型号丰富，也是不错的选择。

自动铅笔

传统铅笔

2　勾线工具——针管笔和小楷笔

时装画是否需要勾线，取决于想表现的画面色彩状态以及画面风格。常用的勾线笔有针管笔和小楷笔，针管笔根据笔尖粗细有不同的型号。较细的针管笔可用于毛发等细节刻画；较粗的针管笔和小楷笔可用于勾画厚重且有力度的边缘。粗细搭配，便可营造出富有节奏感的画面。

针管笔

小楷笔

第 2 节　上色工具

1　彩铅

彩铅笔触细腻，易上手且可控性强，适合初学者使用。彩铅一般分为油性彩铅和水溶性彩铅两种。

油性彩铅

油性彩铅固色性较好，不易褪色、不易擦拭，遇水后也不易溶解。

水溶性彩铅

水溶性彩铅色彩更淡一些，适合搭配毛笔和水彩进行混色。用水溶性彩铅上色后，再用毛笔蘸清水将颜色溶开，其效果与水彩非常接近。水溶性彩铅如果不加水的话，完全可以当作普通彩铅来使用的。

我的彩铅推荐

建议初学者使用水溶性彩铅进行绘制，因为此种彩铅可以结合水彩使用。购买时注意 "water colour" 的标识，且建议选择 48 色以上的套装。

2　水彩

水彩画出的画面效果十分干净清透。水彩分液体水彩、管装水彩和固体水彩三种。

液体水彩

液体水彩的颜色非常鲜亮，有一定的通透性。

管装水彩

管装水彩在调色的时候非常方便，只需要将不同的颜色挤到调色盘按需进行混合即可。

固体水彩

固体水彩是凝固、呈干燥状态的颜料块，需要用蘸水的画笔在颜料表面将颜料块溶解下来使用。固体水彩体积较小，通常放置在专用的水彩盒内，适合外出时携带。

我的水彩推荐

固体水彩便于携带且使用方便，对初学者来说是一个不错的选择。24 色套装是比较实用的，可以通过调色很好满足用色的需要。

3 水粉

水粉是一种色彩比较浓厚的绘画颜料。

水粉与水彩的区别

很多初学者很容易将水彩和水粉混淆。水彩需要用大量的水，其色彩轻薄通透；水粉用水较少，色彩较厚且浓，覆盖力较好。

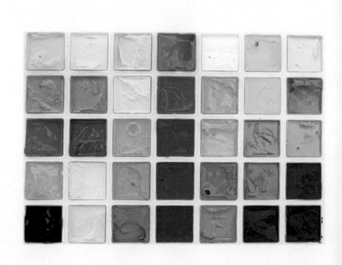

颜料盒

常见的水粉颜料是管装的或者罐装的。罐装水粉在使用时并不是很方便，我们可以准备一个颜料盒，将颜料事先放入颜料盒里，以便绘画时直接取用。质量好的颜料盒保湿性更好。

马克笔

马克笔的笔触粗犷，色彩鲜艳、均匀，表现力很强，使用时可用色彩叠加的方法来营造出画面的层次感。

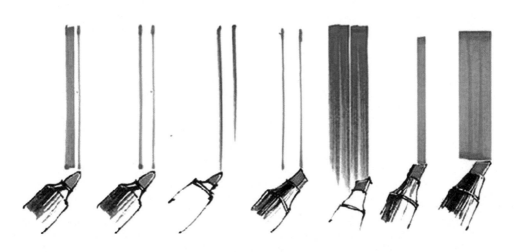

马克笔有圆头和方头两种笔头。方头笔触粗犷，初学者不易掌握，前期使用时色彩层次感会较弱。但在绘画技法熟练后，是快速表现事物色彩的不错选择。

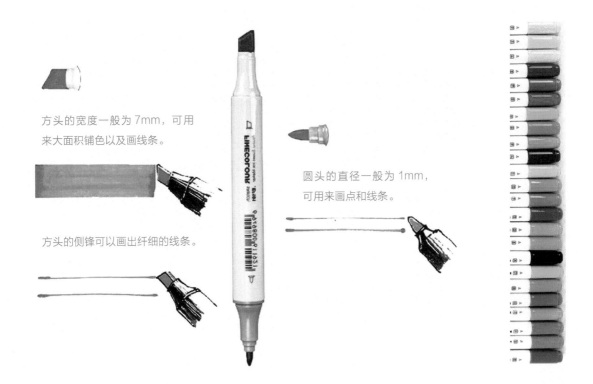

方头的宽度一般为7mm，可用来大面积铺色以及画线条。

圆头的直径一般为1mm，可用来画点和线条。

方头的侧锋可以画出纤细的线条。

第 3 节　其他工具

1

高光笔和高光颜料

高光笔和高光颜料主要用于提亮画面,可以很好地区分明暗层次,使绘画作品生动、立体。笔尖一般有 0.7、1.0 和 1.2 三种规格;颜色有金、银和白三种。我们在时装画中多会用到白色,我们常称的白色颜料就是高光颜料;金色和银色在需要特殊效果呈现时会使用。

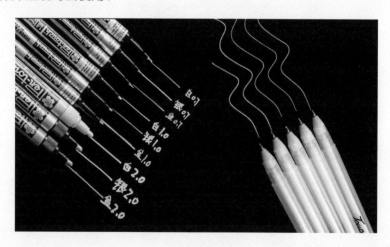

高光笔

高光颜料

2 美术橡皮

与普通橡皮相比，美术橡皮对纸张的摩擦较小，不会破坏画稿。美术橡皮样式规格很多，可以根据需求选择，例如擦除大面积时，可以选择块状美术橡皮；当擦除局部细节时，可以选择使用细节美术橡皮。

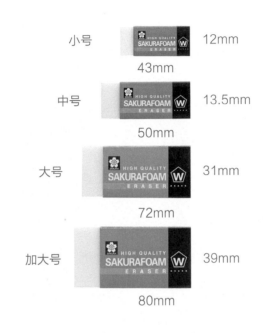

块状美术橡皮

细节美术橡皮

时装画人体图及人体动态表现

02

第1节　时装画中的人体图

时装画中"人"是必不可少的，想画好时装画，掌握好人体表现尤为重要，而人体比例结构是人体表现的基础。我们通常以年龄为标准，分类分析人体特征。在各年龄段整体特征下，再根据特定风格服饰作人体框架的细微调整。

1 人体常见分类及人体图展示

我们设计服装时，要根据人体特征有针对性地设计。我们通常按婴幼年、童年、少年和成年来分析人体特征，其中，婴幼年时期的服装不在我们这本书讨论的范畴内；而少年的身高、体型变化较大，属于童年和成年的过渡期，难有相对稳定的状态，我们在服装设计时就不对少年定义规范的体型了；另外，根据常识也可知，成年女性和成年男性在体型上存在明显差异，需要分别分析。

综上，我们通常会按照儿童、成年女性和成年男性的三个分类进行针对性的服装设计。那么，时装画中的人体绘图也主要呈现的是这三类人体。

儿童虽然不像少年身体成长较快，但是不同时期仍存在一些区别。4~6 岁的幼儿常按照 1:5 的头身比例来绘制；7~12 岁的儿童在此基础上增加下肢长度，通常按 1:6 的头身比例绘制。

成年人的平均头身比例为 1:7。提升身体比例美感是人们穿着服装的目的之一。因此，我们在时装画中，会采用更理想化的人体比例进行呈现，通常会增加下肢长度，将服装的穿着效果更好地展现。

人体分解图

从上到下可将人体进行如下分解及形体概括：头部概括为一个长宽比为 3:2 的长方形；颈部概括为长方形；上身分为胸腔和盆腔两大部分，其中胸腔概括为倒梯形，盆腔概括为正梯形；四肢则可以概括为多个长梯形。

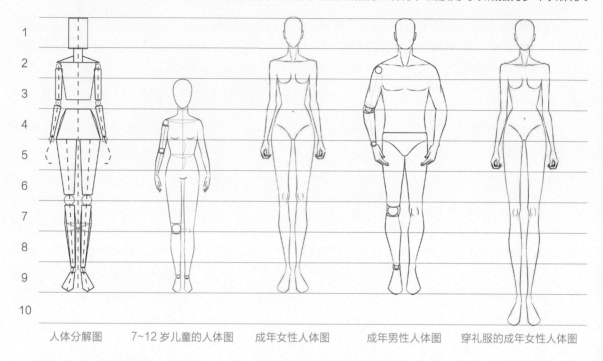

人体分解图　　　7~12 岁儿童的人体图　　　成年女性人体图　　　成年男性人体图　　　穿礼服的成年女性人体图

儿童的人体比例

在儿童人体图中，人物的身材比例不需要做特别的夸张处理，参照模特的比例进行绘制即可。

成年女性人体比例

在时装画中，成年女性的头身比例大多按照 1:9 为准。身高为头长的 9 倍，上身占四个头长，下肢占五个头长。

成年男性人体比例

在时装画中，成年男性头身比例为 1:9，上身占四或五个头长，下肢占四或五个头长。这是基于人们在穿着服装时，对身材比例的普遍追求而定的。

绘制礼服效果图的人体比例

礼服是服装中一个单独的门类。女性在穿着礼服时，对身材的要求要比穿着服装更高，尤其强调身体比例以及胸、腰、臀的围度差。因此，在进行人物绘制时，比例会做一些夸张处理。除了 1:9 的基本比例，1:10 ～ 1:12 均可用于礼服效果图的表现。

2 人体图的绘制

01 首先，定出人体的高度，并将其九等分。

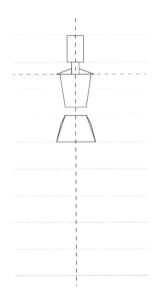

02 将上半身的形状用简单的几何形概括出来。头肩的长宽比为3:2；颈宽为头宽的1/2。

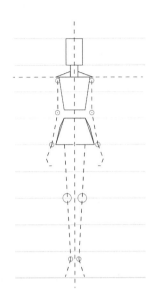

03 用圆圈标出肩关节、肘关节、腕关节等重要的关节点。

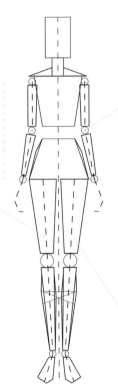

小贴士
两腿的形状可概括为梯形，底端宽度是顶端宽度的1/2。两腿之间有缝隙。

小贴士
大臂可概括为长方形，粗细度为颈宽的4/5。小臂为梯形，底端宽度为顶端宽度的1/2。

小贴士
小腿可概括为梯形，底端宽度是顶端宽度的1/2。小腿肚子在小腿靠上的1/3处，外宽内窄。

04 将下半身用简单的几何形概括出来，把握好比例。

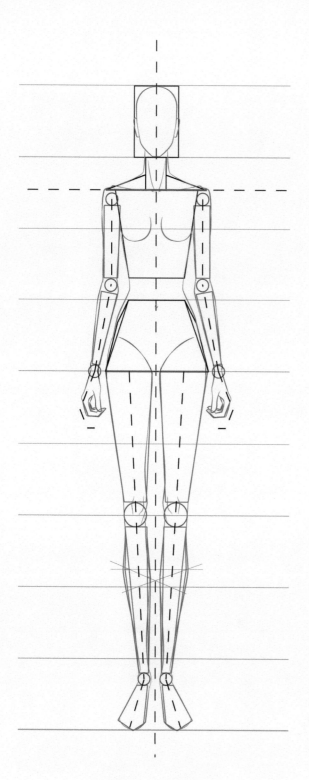

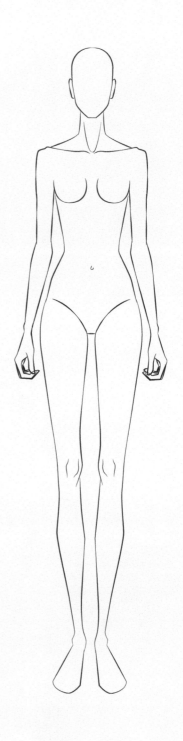

05 | 沿着概括的几何形用流畅的线条将人体外边框画出来，注意突出肌肉的感觉。

06 | 擦去辅助线（前面画的概括线条），完成线稿。

第2节　时装画人体动态表现

时装画的人体表现少不了动态表达。人体动态通常伴随着胯部的扭动，为了更好地展现服装的穿着效果，人体动态多以正面站立和走动为主。

动态人体的绘制

当人体处于运动状态时，身体的几个关键的关节点会产生位移，如肩关节、胯骨、膝盖及肘关节。

我们在画人体时，基础步骤是通过将关节点连线来概括人体整体线条的。画动态下的人体也是一样，需要先找到关键关节点的位置，然后再进行后续的绘制。

站立扭胯姿态的绘制要点

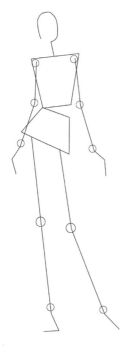

01　首先将人体各结构在动态下的位移状态用几何形进行概括。注意胸腔和盆腔的摆动方向，以及盆腔的摆动幅度，再用圆圈标出关节点的位置。

02　最终描画出人体的外轮廓。脚踝可适当向内扣，两条腿的膝盖是一高一低的，使腿部更生动。

走路扭胯姿态的绘制要点

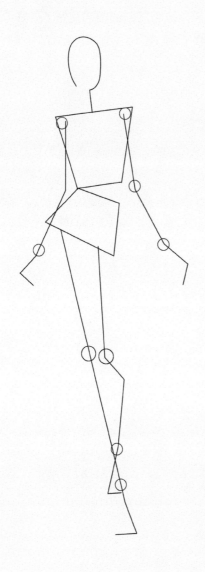

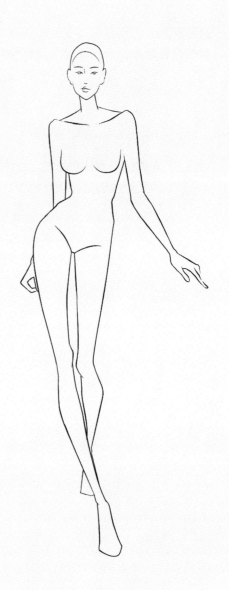

01　首先将人体各结构在动态下的位移状态用简单几何形进行概括。因两条腿一前一后，此处要有近大远小的透视关系，后面的小腿视觉上会显得短而粗。

02　最终描画出人体的外轮廓。此动态下后腿是弯曲的，再加上透视效果，视觉上会呈现"弯折"的状态。

2 常见人体动态的绘制

前面讲解了两个基本人体动态的绘制要点，下面再展示一些时装画中常见的人体动态供大家参考。

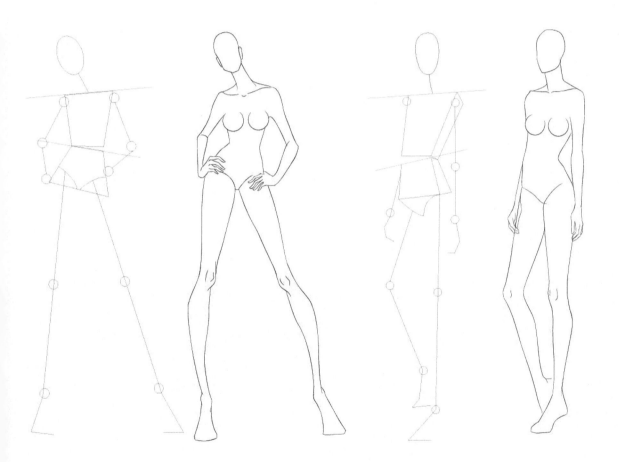

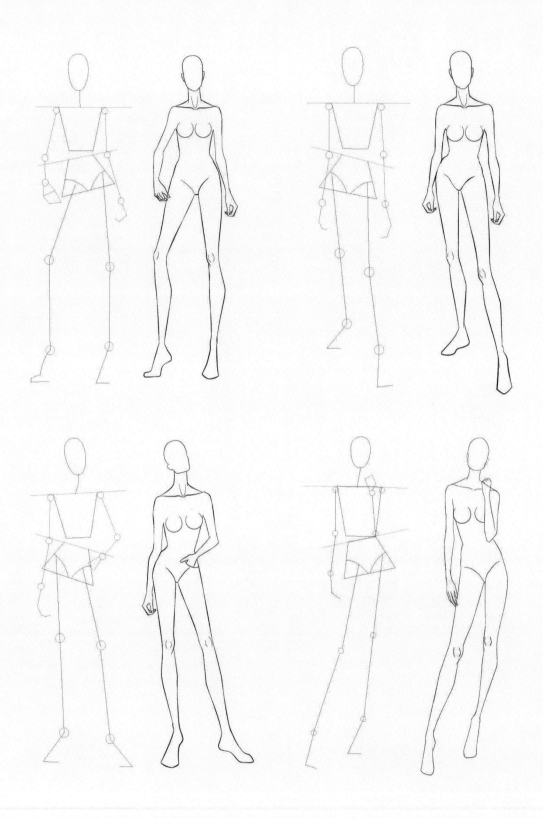

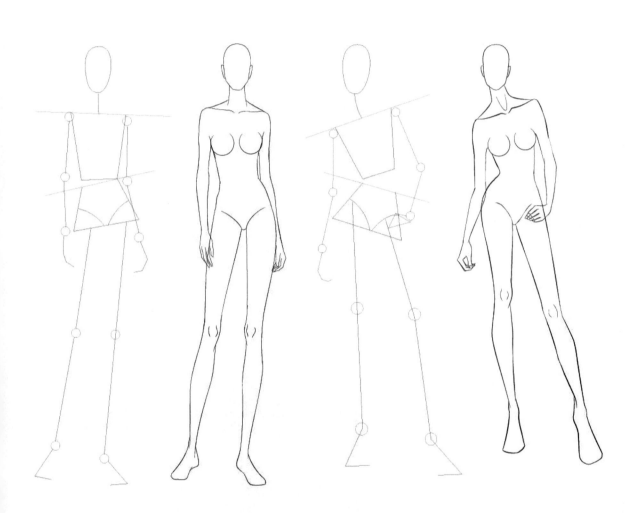

第1节　时装画人物面部绘制

时装画中人物头部表现主要是面部的绘制。

 人物的脸型

时装画人物绘制，一般来说，需要掌握以下四种基础脸型。

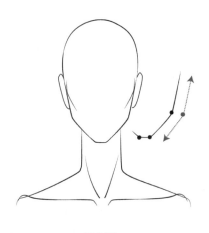

瓜子脸

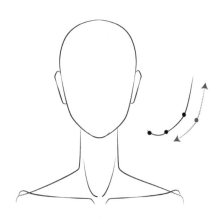

鹅蛋脸

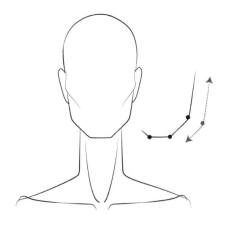

方形脸

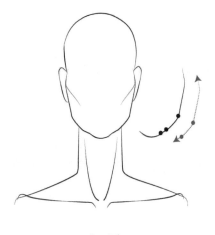

心形脸

2 人物的眼、眉和嘴的绘制

画时装画人物时，面部五官中的眉、眼和嘴是表现要点。它们的"形"是这一节学习的重点，我们需要学会分析眼睛、眉毛、嘴巴的结构组成，以及形态特征，并用概括且美化的手法将其呈现出来。

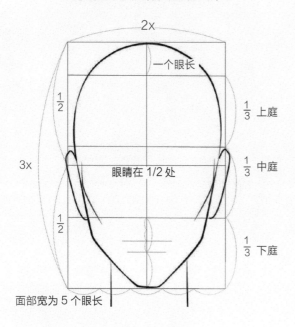

面部宽为 5 个眼长

三庭五眼

我们常用"五官端正"来描述一个人的面部形态，而五官端正的最基本要求是"三庭五眼"的比例要均衡。面部"三庭五眼"的比例划分见左图。

眼睛（正视状态）的绘制

眼睛在正视和斜视状态下，眼球的位置以及上眼睑的弧度是有区别的。无论是哪种状态，绘制时先将眼睛整体形状概括成一个平行四边形，再将上部分和下部分别连成流畅的弧线，定出上、下眼睑的形状。黑眼球被上、下眼睑包裹着，上眼睑会盖住黑眼球的一部分（约为黑眼球直径的 1/6），下眼睑与黑眼球之间是大致相切或者相离的关系。请参考下方的步骤图：

01　定出内、外眼角以及上眼睑最高处的位置。上眼睑最高点在偏向外眼角的方向。

02　画出眼眶的形状。当眼睛正视时，黑眼球在眼睛的中间部位，上方被上眼睑遮挡，下方与下眼睑呈大致相切关系。

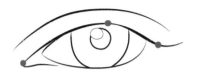
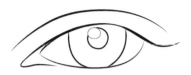

03 | 瞳孔的位置在黑眼球的正中间。高光点靠近瞳孔，方向可根据光源进行变化。眼睛自然睁开，双眼皮与上眼睑的弧度基本相同。

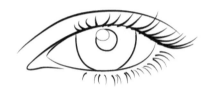

04 | 睫毛越靠近眼尾越平而长，越靠近中间越短而翘。眉形与眼形要合理搭配，突显时尚风格。

眼睛（斜视状态）的绘制

01 | 先定出内、外眼角以及上眼睑最高处的三个关键点，再将三个点连成流畅的弧线。注意定好内眼角的形状。

02 | 画出内眼角与外眼角的内部轮廓。当眼睛斜视时，黑眼球偏向眼睛一侧，瞳孔位置在黑眼球中间。

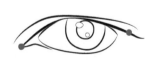

03 | 当眼睛看向一侧时，这一侧的双眼皮与上眼睑之间的距离较近。

04 | 靠近眼角的上眼睫毛向一侧翘起，眼睛中间部位向上翘起。

各种眉形的表现

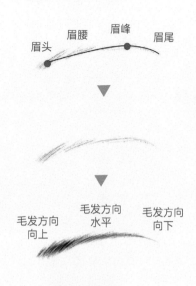

柳叶眉

整个眉形呈现出柔和的弧度，眉头较浓密，往眉尾渐细。

上扬眉

眉形呈向上的趋势。眉头到眉峰笔直，且粗细均匀，眉尾微微向下转、渐细。

下陷眉

眉腰、眉峰均出现转折点。眉腰下陷，眉峰上挑，眉尾向下、渐细。

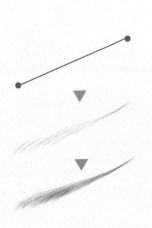

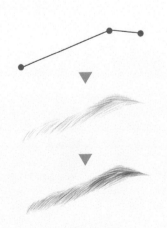

挑眉

眉形平直，从眉头到眉尾整体呈现向上挑的趋势，逐渐变细，尾部上挑。

剑眉

眉形粗细均匀、平整，眉峰靠后，且眉峰处较浓密，眉尾较短。

其他眉形

眉毛的形状没有固定要求，可根据造型需求来设计眉形。注意笔触要与眉毛的生长方向相吻合。

各种嘴唇的表现

嘴唇分为上、下两片，其中间的唇中缝是绘画的要点。无论唇形如何，都需要先将唇中缝的形状画出来。同时，这条线也为唇的轮廓奠定了基础。绘制时需先找出唇角、唇珠的位置和大小，再进行连线，最后再找出轮廓线确定唇形。

唇在时装画中是重要的表现对象之一。唇的薄厚、宽窄变化多样，若能掌握好唇形的变化规律，绘制时便能准确塑造出不同的风格。

微闭唇 　当唇微闭时，上、下唇微微分开，嘴角依然闭合，唇中缝较平。

微笑唇 　微笑时，唇角上扬，唇角的位置会高于唇珠。上、下唇闭合，无缝隙。

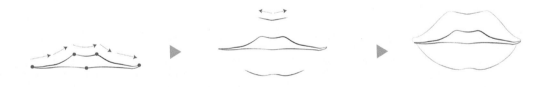

微张唇 　嘴唇微张时，上唇翘起，唇珠的位置高于唇角，上、下唇之间有梯形空间。

紧闭唇 　嘴唇紧闭时，唇中缝为一条线，唇角位置低于唇珠。

头部整体绘制

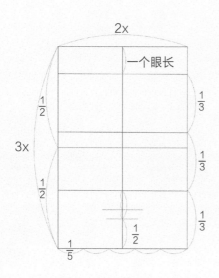

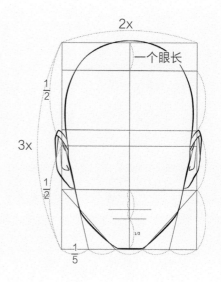

01 先将头部的整体比例用长宽比 3：2 的矩形进行概括，再定出"三庭"。"三庭"分别为上庭：发际线到眉弓；中庭：眉弓到鼻底；下庭：鼻底到下巴。眼睛的位置在脸的 1/2 处。唇在下庭的 1/2 处之上。唇中缝在下庭上半段的 1/3 处。

02 画出面部的轮廓。头顶可以概括为一个半圆形，眼睛以下有颧骨、下颌和下巴三个转折。下巴的宽度为脸宽的 1/5；下颌骨在唇中缝处；耳朵在中庭之间。

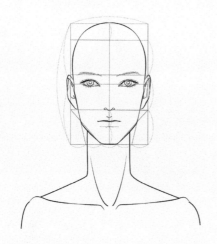

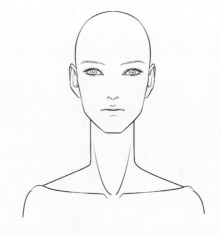

03 将五官画在对应的位置。注意观察五官的具体形状，避免画出来的人物生硬、不真实。

04 进行细微处理并擦除多余的线条，完成人物面部绘制。

第2节 时装画人物发型绘制

发型往往对人物形象具有决定性的影响，而发型的设计一定是根据脸型以及人物整体风格而定的。发型的设计点主要集中在整体廓形、刘海儿及头发发丝弧度等几个方面。

发型简介

发型长度分为长、中长、短三种，廓形包括倒 U 形、倒 V 形、O 形和异形等。各种发型特点可相互组合，造型也可以变化万千。

短发 O 形廓形

短直发倒 V 形廓形

贴面利落发型

中长露耳发型

中长发倒 V 形廓形

长发倒 V 形廓形

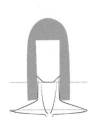

中长直发倒 U 形廓形

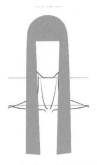

长直发倒 U 形廓形

2 六种常见散发的绘制

在区别散发发型长度、弯曲程度的基础上，要注意观察头发分缝的位置、头发垂顺的程度等因素。中分、偏分是指分缝的位置区别。顺滑的头发，线条方向比较统一，而蓬松的头发线条方向不规律、有交叉。本节将详细介绍六种常见散发的绘制方法。若要上色，铅笔稿可简化，密集的线条均可在上色步骤中完成。

长直发的绘制

01 首先根据模特的风格将脸型确定出来。用铅笔画出发型的轮廓及分界线，再用针管笔勾画。注意线条的整体方向向下，线与线之间并非平行，要相互交错才有层次感。

小贴士
下垂的线条相互交错，大方向一致。

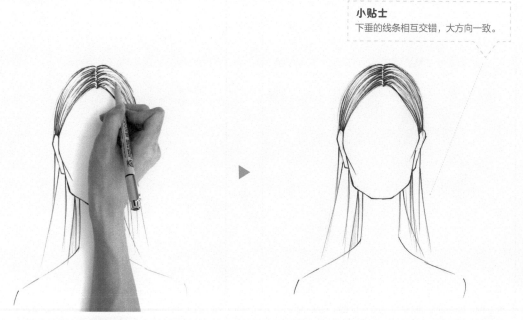

02 概括完分缕后，再逐步将发丝的细节刻画完整。注意发根处及耳后的线条比较密集，头顶两侧的线条比较稀疏。

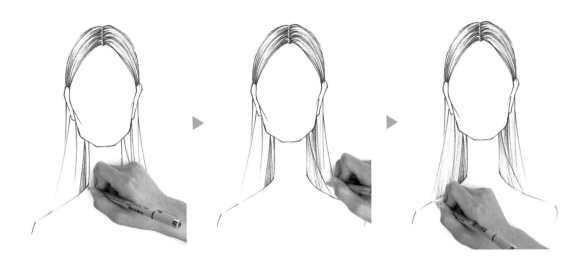

03 | 靠近脸部和脖子的发丝比较密集，从脸部轮廓开始向下画线。此款发型长度超过肩膀，要表现出长度和厚度，要从肩线起，自下而上画线。

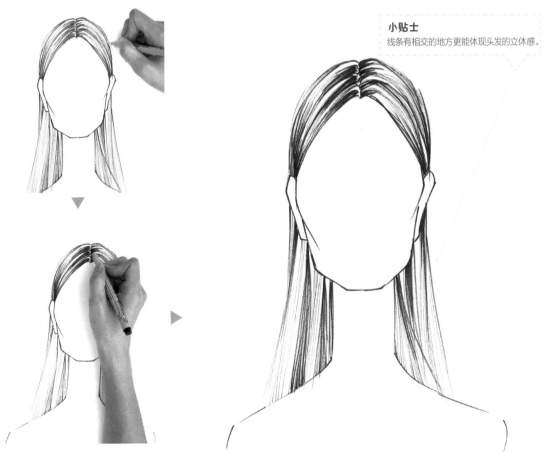

小贴士
线条有相交的地方更能体现头发的立体感。

04 | 线条上要有粗细变化，使画面更立体。

长卷发的绘制

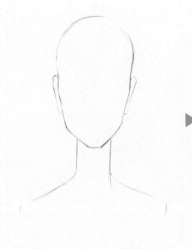

小贴士
距离面部最近的头发状态最能体现发型。

01 设计好脸型后，用铅笔将发型概括出来。注意与人脸接触的头发要先画出来，因为与脸部接触的头发能呈现出发型与脸型之间的关系。头发的长度、卷的大小都要准确画出来。

小贴士
每一组头发由两条以上的线条在发梢闭合。

02 用针管笔勾画头发的分缕。明确头发的分缕，把每一组分缕用弯曲的弧线概括。再用另一条弯曲的弧线将每一组分缕在发梢处做闭合。

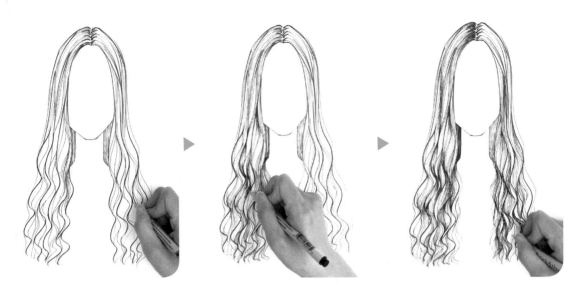

03 | 填充发丝，充实层次感。从最密集的发根处起向下画，线条有序地弯曲变化，在相交的地方要对线条做密集处理。

小贴士
边缘加入一些轻盈的碎线，可以让头发显得更蓬松。

04 | 头发轮廓的边缘由多根线条相交而成。在边缘加以刻画，从而使头发状态更自然。

短直发的绘制

小贴士
脸型要跟发型相互搭配，五官轻描即可。

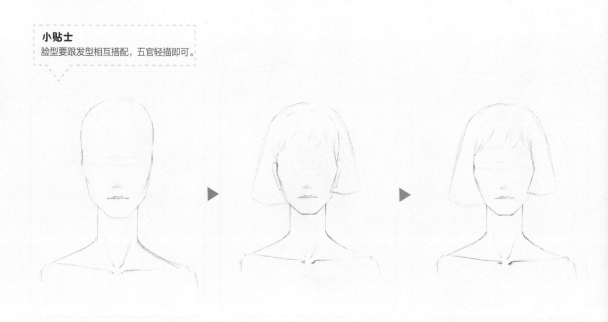

01 | 画出脸型及五官位置的分布。

02 | 画出发型轮廓。此款发型左右长短不对称，刘海儿不整齐，长度在眉毛以上2厘米处。

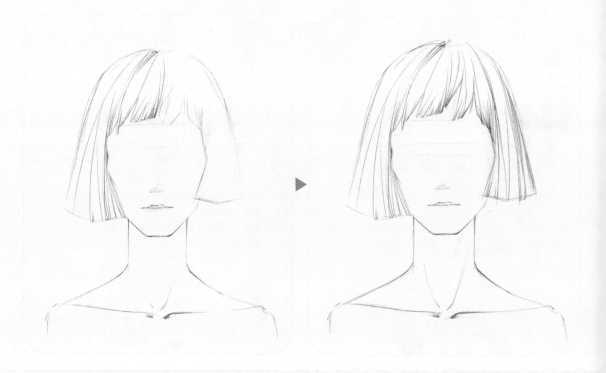

03 | 此款发型发梢处比较厚重。绘制时除了从发根起向下画线以外，还有大量的线条需要从发梢起向上画，以此表现出头发厚重平齐的质感。

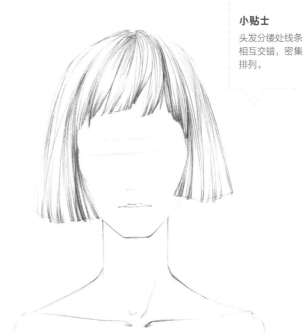

小贴士
头发分缕处线条
相互交错，密集
排列。

04 通过线条的疏密排列变化将头发中
的分缕区分开。头发之间相交的位
置排线密集，颜色较深，线条方向
要有交错。靠近脸部的区域排线密
集、颜色较深。

短卷发的绘制

01 配合发型设计脸型。此款为超短刘海儿短卷发，
适合搭配少女感十足的娃娃脸。

02 用铅笔将发型进行分缕概括。代表卷发的线条弧
度基本一致，线条间的间距各不相同。

03 | 这款发型整体上看风格活泼、有动感。绘制时线的粗细变化要丰富，让画面节奏感更强。然后用较粗的勾线笔将头发分缕进行概括。

04 | 用较细的针管笔勾画发丝。绘制时手腕要放松，使线条流畅有弹性，有助于营造活泼感。

贴面短卷发的绘制

小贴士
头发轮廓略高于头皮，贴得较近。

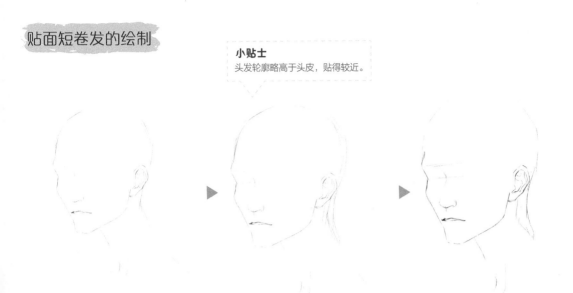

01 | 画出头部之后，围绕头顶画出发型的轮廓，擦掉头顶的轮廓。注意此款发型头发是紧贴头皮的。

02 | 先画出卷发的分缕，再填充内部线条。注意此款发型较扁平，在排线时以均匀排列的线条为主。

超短微卷发的绘制

小贴士
两条线在发梢处闭合形成一个分组。

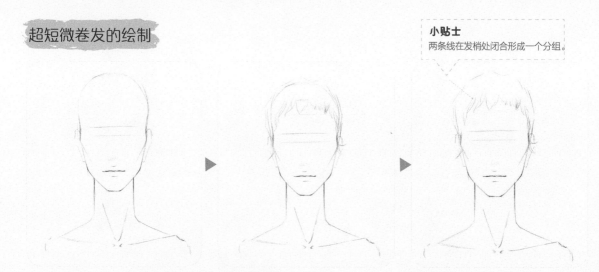

01 设计脸型并概括出发型。此款发型为层次感很强的超短卷发，刘海儿位置较高，可参考眉毛位置找出刘海儿的高度。刘海儿由多个长短、粗细不一的分缕组成。

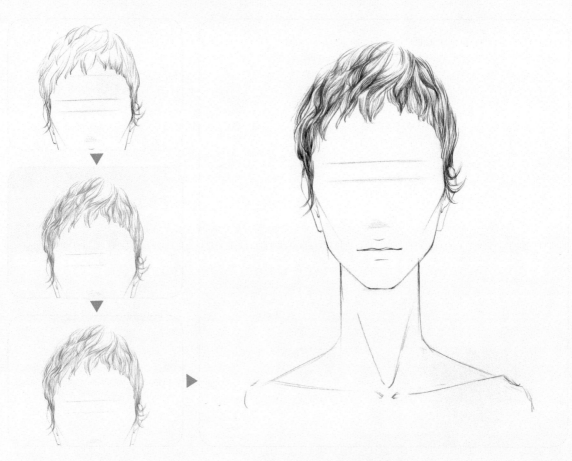

02 此款发型头发较短，分缕很多，并且存在很多相交、叠压关系。

03 将头发相交的部位用密集的线条排列并加重。用密集的线条填充每缕头发的发梢部位，营造出强烈的层次感。

3 四种常见盘发的绘制

盘发比较常见的是盘成丸子头或者头发分组相互交叉成辫的造型，绘制盘发的重点在于分区域以及区域内发丝的走向。

01 设计脸型与发型。此款发型为夸张且玩味十足的丸子头。先在头顶将头发按照区域进行划分，区域之间用留白隔开，以此代表头发的分界。每个区域内的头发都攒成一股，头发从四周向中间聚拢，线条方向代表头发的梳理方向。

小贴士
用弧线概括出发丝的走向，把"鼓包"的立体感表现出来。

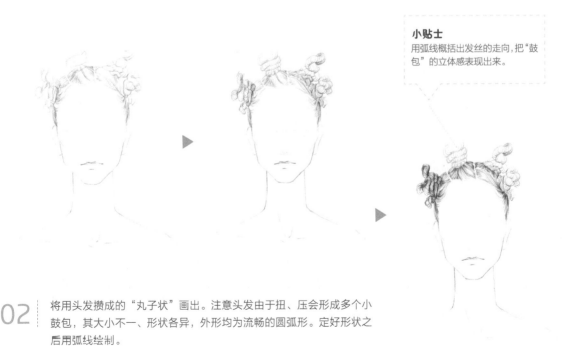

02 将用头发攒成的"丸子状"画出。注意头发由于扭、压会形成多个小鼓包，其大小不一、形状各异，外形均为流畅的圆弧形。定好形状之后用弧线绘制。

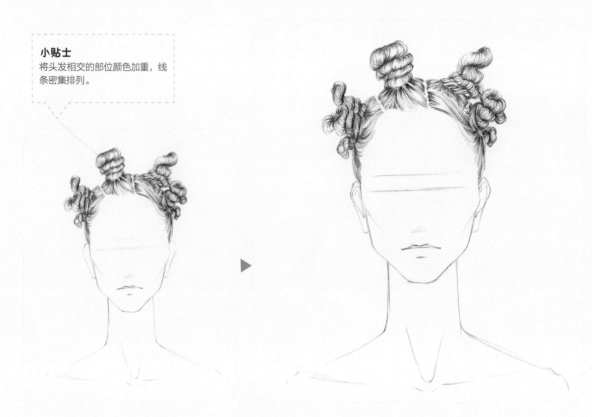

小贴士
将头发相交的部位颜色加重，线条密集排列。

03 | 画出每个"鼓包"内的发丝走向，并适当加重其中的一些线条，营造出节奏感。再将每个"鼓包"之间相交的部位加重，表现出单个鼓包的体积感。

麻花辫的绘制

小贴士
头发轮廓略高于头顶，头顶与头发轮廓之间略有缝隙。

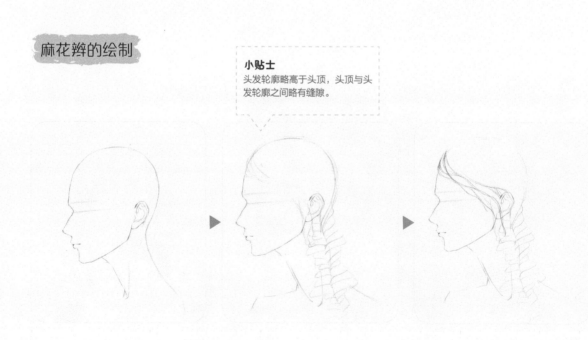

01 | 绘制麻花辫的重点在于找出"编"头发的规律。辫子分为左、右两个部分，其中间形成相互交错的树杈状倒"人"字形。

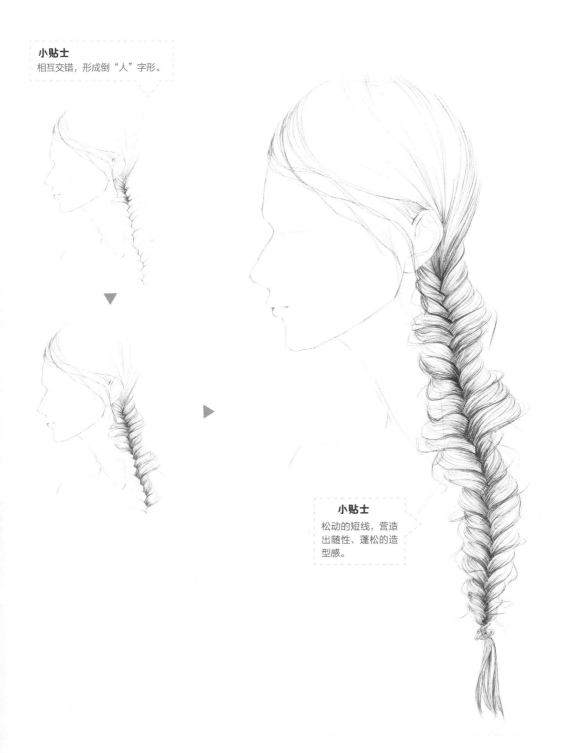

小贴士

相互交错，形成倒"人"字形。

小贴士

松动的短线，营造出随性、蓬松的造型感。

02　从"人"字交错的中缝起始向两端画出发丝的走向。靠近中缝的部位头发比较密集，颜色较深。两端头发状态蓬松、线条较少、排列稀疏。最后在边缘处加入一些短线，辅助呈现蓬松的效果。

捆扎朝天辫的绘制

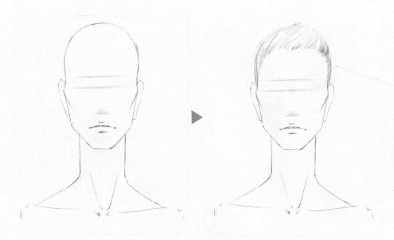

小贴士
根据头发的捆扎方向
画出头顶的线条。

01 概括发型，找出头发在头顶处的走向。此款发型为头顶扎辫，围绕头顶的所有头发均向上、向中间聚拢。

02 画出盘起的辫子形状，以及用来捆扎的绳子。绳子在辫子上缠绕时会产生缝隙，缝隙当中会露出头发，露出来的头发是饱满的溢出状态。绘制时要用有弧度的线条填充内部，并加重头发与发带之间的相交部位，并突出其包裹关系。

利落扎辫的绘制

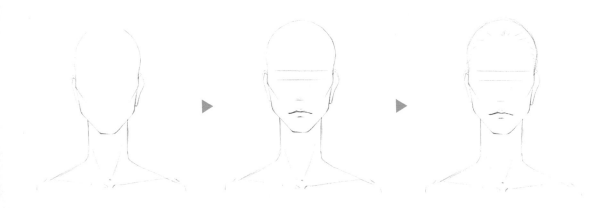

01 定出发型的轮廓。此款发型属于扎紧状态，头顶的头发紧绷，头发轮廓距离头皮比较近。头发自发际线起向后呈
放射状。

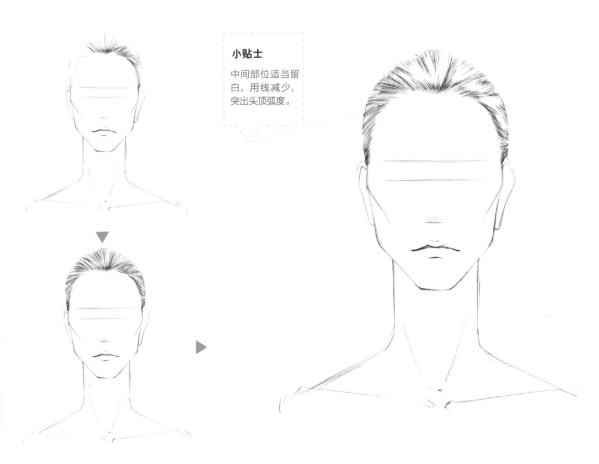

小贴士

中间部位适当留
白，用线减少，
突出头顶弧度。

02 将发际线以及轮廓线适当加重。中间的线条排列稀疏，体现出头顶的立体感。

时装画不同人物头部整体造型设计及绘制

不同风格的服装对应不同风格的人物造型，人物的风格特点更多体现在头部。从时装画实用性及绘画的角度来看，我们可以暂从东方女性、成年男性和儿童三种典型人物来进行头部整体造型设计的分析及绘制讲解。

1 东方女性头部造型设计与绘制

相比西方女性，东方女性的面部显得柔和许多。脸型轮廓相对饱满，五官线条也比较柔和，眼神温柔，眉形细长，嘴唇小巧。

 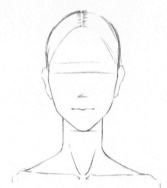 

01 根据东方女性的脸型特征概括出脸部的形状。颧骨微突，下颌柔顺，下巴小巧。

02 概括出发型，定出"三庭"，确认眼睛、唇、耳的位置，绘出五官形状。

03 细化五官形状。东方女性的眼睛细长，眉毛弧度柔顺且细长，左、右眉间距较宽。

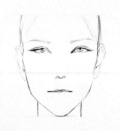 

04 眼球在眼睛的中间位置。上、下唇轻微闭合。鼻底面积较小，鼻头不高。

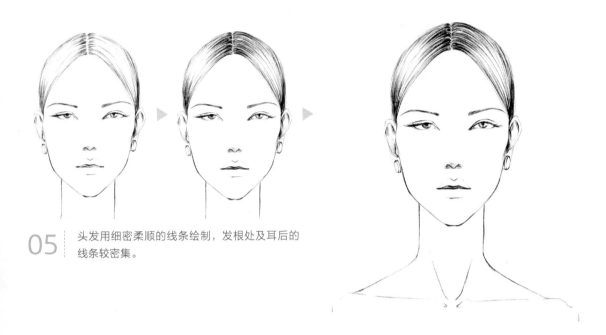

05 | 头发用细密柔顺的线条绘制，发根处及耳后的
线条较密集。

2 成年男性头部造型设计与绘制

成年男性面部轮廓线条感较强，五官立体，眉毛浓重，不同的人物其发型也会有风格
上的差异。

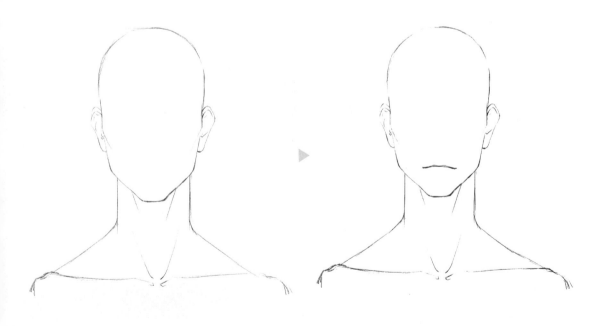

01 | 概括出男性的面部轮廓。注意男性面部人多棱角分明，颧骨凸出，下颌和下巴较宽，颈部较粗。

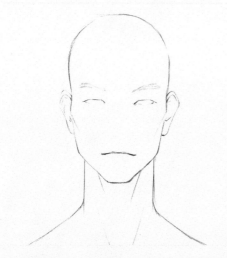

03　将头发的基本造型概括出来。短发的分缕较多，各缕头发的方向变化要区分开。

04　发梢要闭合。眼睛较窄，上眼皮有内、外两个转折点，体现男性的硬朗。

02　概括出五官的形状。男性五官线条比较硬，概括时多用直线。嘴角低于唇珠，以表现严肃感。

05　细化五官。男性的眉毛粗而直，且颜色较深。嘴唇较宽而厚。颧骨凸出较明显，鼻头比女性宽大。

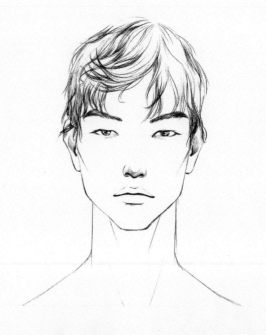

06　用密集的线条刻画头发的暗部，以完善整体造型。

3 儿童头部造型设计与绘制

儿童的面部轮廓比较柔和，颧骨和下颌骨的高度并不突出，五官的形状也比较圆润，整体呈现出饱满、可爱的特点。

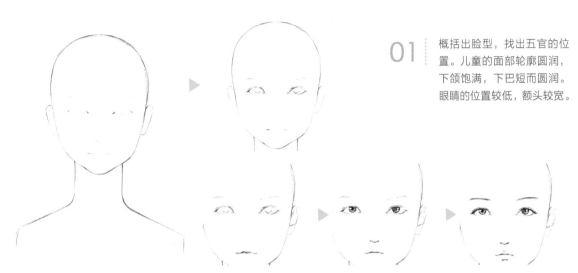

01 概括出脸型，找出五官的位置。儿童的面部轮廓圆润，下颌饱满，下巴短而圆润。眼睛的位置较低，额头较宽。

02 先概括五官形状。眼睛上眼睑弧度较大，且线条流畅，眼睛大而圆，黑眼球位于眼睛的中间部位。眉毛细而短，颜色较淡。鼻子和唇都比较小巧。鼻底宽度可参考两眼间距的 1/2，唇的宽度约为两眼间距的 2/3。

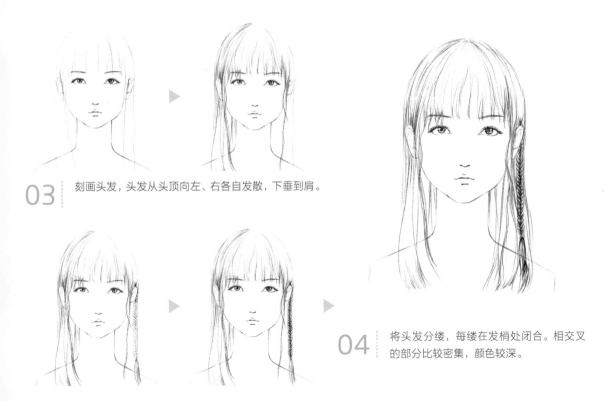

03 刻画头发，头发从头顶向左、右各自发散，下垂到肩。

04 将头发分缕，每缕在发梢处闭合。相交叉的部分比较密集，颜色较深。

第4节 时装画人物手部绘制

时装画人物中的手和脚主要起衬托作用，可以配合整体更好地展现人物的动态。绘制时只需以简明、干净的线条进行概括，把握好大致的形态以及结构之间的比例关系即可。

 手部结构分析及基础绘制

只有掌握了手部结构以及比例关系之后，才能更准确地处理手部动态。人物的手部结构是从腕关节开始的。腕关节、手掌和手指组成了手，腕关节到中指指尖的长度便是手长。手掌与手指的长度比例为 1:1。每根手指的指节长度也存在规律的比例关系。

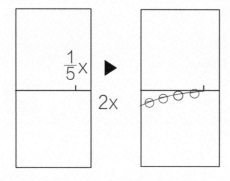

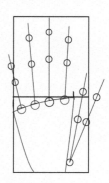

01 先将手部用长宽比例为 1：2 的矩形进行概括，手指的第一指节在长边 1/2 处，手掌宽度为宽边的 4/5。

02 将中指长度画出来。其第二指关节在手指长度的 1/2 处，第三指关节在约 1/4 的位置。下一步便可根据中指长度画出其他手指。

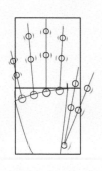

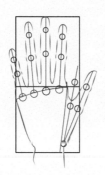

03 将手指按照拇指最粗、中指第二、食指第三、无名指第四、小拇指最细的规律依次画出。先定出各手指的第二指关节和第三指关节，再进行连线，画出完整的手指。指甲的形状接近正方形，画出其形状。

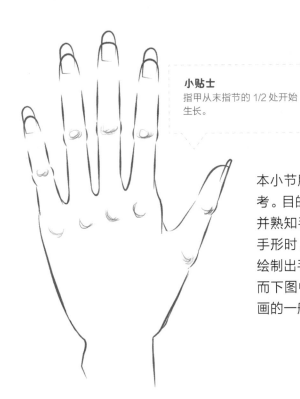

小贴士

指甲从末指节的 1/2 处开始生长。

本小节所讲的手部结构仅供时装画绘画参考。目的在于让读者掌握手部的基本结构，并熟知手指间的长度比例关系，在画动态手形时，根据长度比例关系，迅速准确地绘制出手形。左图中的手是普通人的手形，而下图中的手形手指更纤细修长，是服装画的一般处理方式。

小贴士

多数人的无名指长于食指，指尖位置略高于中指末指节的 1/2 处。

小贴士

食指指尖位置略低于中指末指节的 1/2 处。

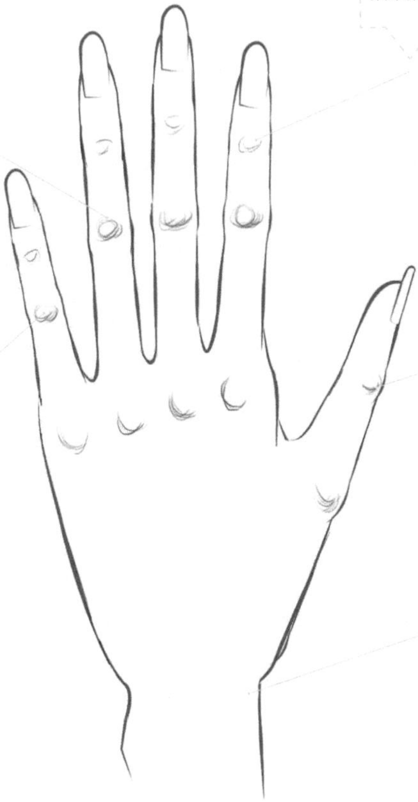

小贴士

拇指与手掌并拢时，长度靠近食指第二指节。

小贴士

小指长度约在无名指第二指节的 2/3 处，或高于它接近第三指节。

小贴士

拇指第一指节在手掌起始部位，拇指可围绕第一指节进行圆周运动。

2 手部动态的绘制

时装画中常用到手部动态,如自然下垂、手指微弯、拎包、插袋、掐腰等。在进行绘画时,首先要明确手部与手臂是连接的,动态上相互牵引。先画出手臂以及手部的骨骼动势,再进行细节刻画。当手部产生动态时,手指之间会有交错遮挡的关系出现。

自然下垂的手

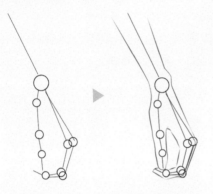

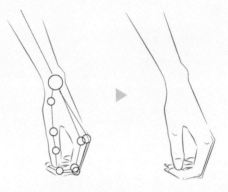

01 当手臂自然下垂时,能看到手的完整侧面,包括拇指、食指及手掌侧面的厚度,有时也能看到中指指节。手掌长度固定,根据手指动态,分别找出各指节,再将手指形状画出。

02 将被遮挡的手指位置找出来。虽然被遮挡,但每段关节的长度是不变的。最后画上指甲。

轻放的手

01 此动态中手轻轻放在某处,跟身体或其他物体之间有互动。

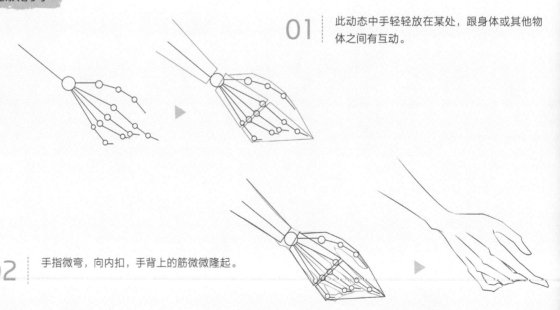

02 手指微弯,向内扣,手背上的筋微微隆起。

握物品的手

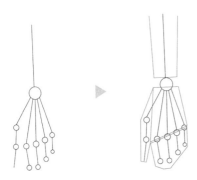 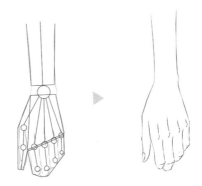

01 当手握物品手背朝前时，五指均可见。手背长宽可根据手部结构进行概括。

02 先把形状大致概括一下，再分出五指的粗细。注意，手指握起时，第一指节能完整展现，其他指节均不完整。

拎包的手

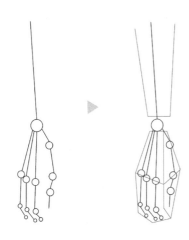 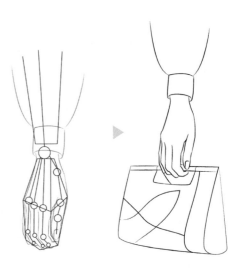

01 此动态可以看到一部分手背和手指。

02 完善手指的形状，注意手指跟包包之间的前后关系。

插兜的手

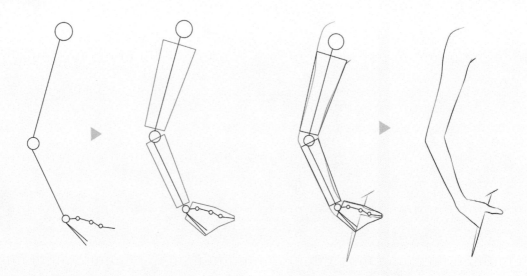

01 首先概括出手臂与手指的结构。插兜时，手臂微弯，大拇指完全露出，其余四指被口袋遮挡。

02 将手指与口袋的具体形状画出。

戴手套掐腰的手

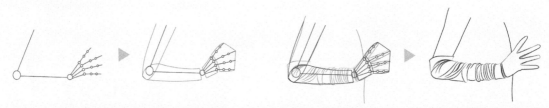

01 先确定手部结构和手臂各部位的长度，以及手指的分布状态，将手臂以及手指的形状依次概括。

02 画出手套的形与褶。注意戴着手套的手指要略粗于原手指。

其他手部动态

第5节 时装画人物脚部绘制

时装画中的人物脚部通常伴随着鞋子存在，从外观来看，首先呈现的是鞋子的造型，再是少量裸露的脚部。鞋子与脚部之间是包裹的关系，绘制时交代空间关系是重点之一。另外，需要将鞋子的造型进行准确、简明的概括。

脚部结构分析及基础绘制

从比例来看，脚部的长度约占到一个头长。从正面来看，脚后跟被遮挡，站立时产生透视，因此画正面站立的脚时，要将脚部长度缩短为 3/4 个头长。侧面脚长则约为一个头长，脚掌、足弓、脚跟分别占到脚底长度的 1/3。大拇脚趾的宽度约占到五指总宽度的 1/3。

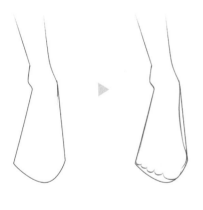

01 先将脚部形状进行概括。脚面呈梯形，脚趾合在一起呈三角形。在概括好的形状中画出五指的指尖，从大到小依次排列。

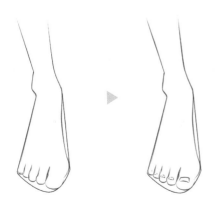

02 将脚趾长度按长短变化依次画出，脚尖圆润。绘制指甲盖时，注意正面脚有透视，指甲呈梯形。指甲与脚趾底端之间有一段空白，这段宽度代表脚趾的厚度，绘制时要注意留白。

2 脚部与鞋的绘制

鞋子包裹在脚的外部，鞋头、鞋面和鞋底是必备的结构，当鞋子高度超过脚踝时，会在鞋面的基础上增加靴筒的结构。除此之外，鞋舌、鞋带和魔术贴等具有功能性或装饰性的辅料也会根据造型要求出现。在画鞋子时，要先画出脚部的比例关系，以便更准确地画出鞋子的造型。

切尔西短靴

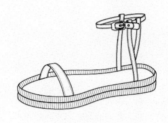

一字带凉鞋

复古凉鞋

运动风凉鞋

铆钉短靴

运动袜靴

运动鞋

平底拖鞋

正面短靴

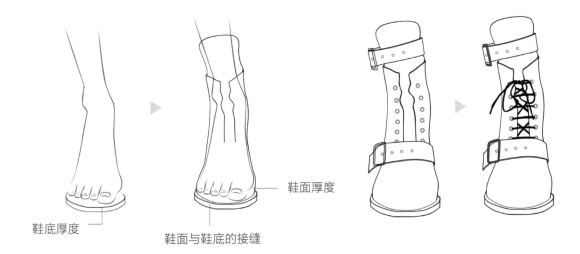

鞋底厚度

鞋面厚度

鞋面与鞋底的接缝

01 画鞋子时，要先绘制鞋底，注意观察鞋底的弧度，并画出鞋底的厚度。然后再画鞋头部位的高度（脚趾两侧垂直于鞋底）。注意鞋面与鞋底相交处有一圈接缝需要画出。

02 将鞋面上的结构画出，注意画好结构之间的包裹关系。最后画出鞋带，鞋带与气眼之间有上下叠压的穿插关系。

正面凉鞋

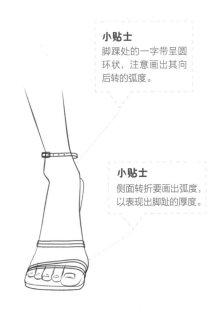

小贴士
脚跟处的一字带呈圆环状，注意画出其向后转的弧度。

小贴士
侧面转折要画出弧度，以表现出脚趾的厚度。

01 高跟凉鞋的鞋底厚度一般比较薄，注意观察鞋底的形状，以便画出正面的弧度。

02 鞋面由细带组成，绘制时要注意细带的宽度，并通过两侧的转折画出鞋面的厚度。

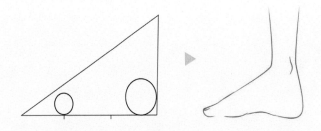

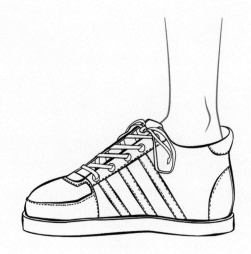

01 | 脚的侧面形状近似一个三角形。足弓与地面夹角在
20°～30°之间。脚底可以分为脚掌、足弓、脚跟
三段，三段长度比例接近 1:1:1。

02 | 脚掌处、脚后跟分别有两个较为突出的关节，足弓向
内陷，因此脚底轮廓呈流畅的弧形。

侧面高跟鞋（3cm～5cm）

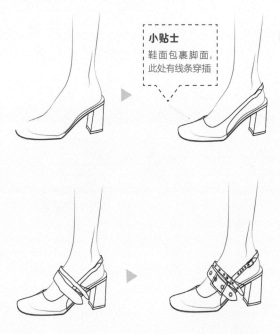

小贴士
鞋面包裹脚面，
此处有线条穿插

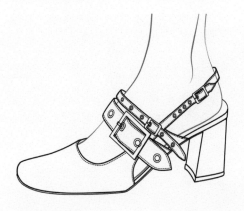

01 | 鞋跟高度在 3cm～5cm 之间时，前脚掌着地，足
弓和脚跟翘起，与地面形成 20°左右的夹角（具体
倾斜角度可参考鞋子，与鞋跟高度相呼应）。先画
出鞋底厚度，再画鞋跟、鞋面。画鞋面时注意与脚
背之间的包裹关系。

02 | 刻画鞋面的结构。注意各个结构之间的穿插
关系，以及面料和配件的厚度。气眼是环状
的，可用大小圆来表示。

03 | 鞋面的明线是重要的工艺细节。优质的款式图应该
将细节表现准确。

侧面高跟鞋（7cm ~ 9cm）

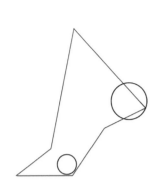 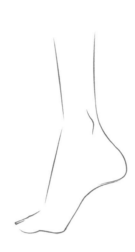 

01　当鞋跟高度在 7cm ~ 9cm 之间时，前脚掌依然全部着地，足弓与脚跟抬起，与地面形成夹角，为 30° ~ 45°。

02　脚尖踮起时，前脚掌形状与着地时无差别。脚面与足弓同时上升。

小贴士
注意不要忘记鞋跟处的防磨底哦！

侧面高跟鞋（大于 10cm）

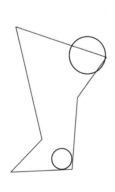  

01　鞋跟高度超过 10cm 时，足弓与脚跟翘起与地面形成大于 60° 的夹角。

02　此时脚后跟较圆，脚背拱起，与小腿之间连接流畅。

03　超高跟的鞋子，一般鞋底较薄，鞋跟较细。

04

服装基础知识与服装效果图的线稿绘制

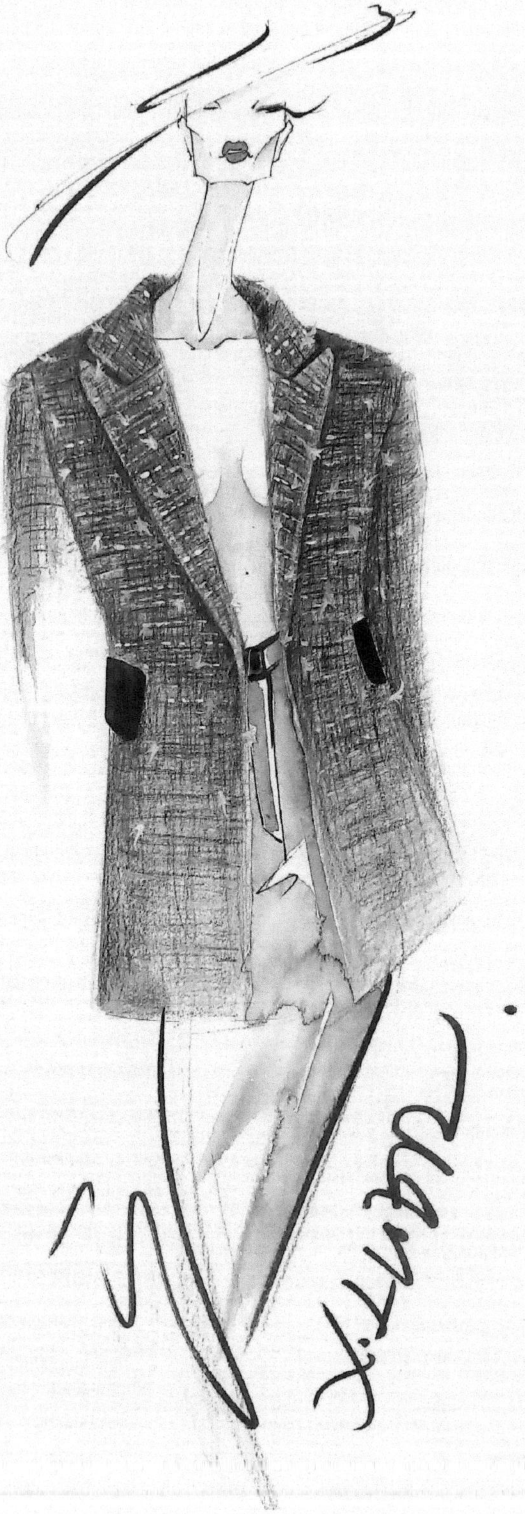

服装的基础结构与常见廓形

人们的着装习惯发展至今，服装的材质、廓形、色彩以及搭配形式一直在发生变化。在近代着装形式相对固定之后，服装款式的变化虽然多样，但其结构还是有一定基础规律的。主要的廓形样式也不外乎几种常见类型。

服装的基础结构

上衣的结构

上衣的基本组成：衣领、衣袖和衣身。衣领包裹颈部，衣袖包裹手臂，衣身包裹躯干。其中，衣袖和衣领不是必须有的结构，是否需要由造型需求决定。

衣领

衣袖

衣身

下装的结构

下装分为裙装和裤装两大类。其中裙装结构较为简单，可概括为一个筒形。裤子的结构较为复杂，围裹盆腔的部分为一个筒形结构，向下连接两个筒形结构，分别围裹双腿。

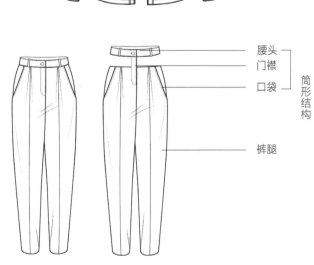

腰头
门襟
口袋

筒形结构

裤腿

2 服装的常见廓形

这一小节，我们会通过服装效果图以及实际服装案例来展示常见的服装廓形类型。让大家对服装的效果样式有一个直观的认识，为之后绘制服装效果图打下基础。

A 形廓形

服装是上窄下宽的 A 字形。

> **小贴士**
> 结构线，用实线表示。

左侧两张图可以看到实线的结构线，表示面料之间有缝合。

| A 形九分喇叭裤 | A 形喇叭裤 | A 形高腰短裤 | A 形褶皱上衣 |

H 形廓形

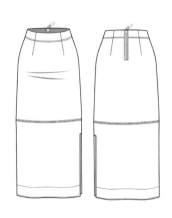
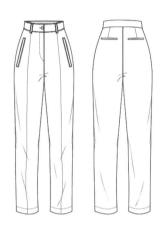

H 形又称筒形，这类廓形的服装，其整体的上、下围度几乎一致，有些甚至局部结构也呈上、下一致的筒形。

H 形阔腿裤

H 形牛仔半身裙

H 形九分高腰阔腿裤

O 形廓形

小贴士
底摆围度小于衣身，或者有松紧带，此时会产生褶皱。

O 形插肩袖服装

O 型廓形多应用于中性属性的服装中，是一种通用的廓形。此类服装的底摆也多有收褶设计，因此绘制此类服装效果图要注意褶皱的表现。我们在下一节中会专门讲解服装的褶皱表现。

S 形廓形

小贴士
衣身前片、后片均有结构线，表现收腰身结构。

S 形连衣裙

S 形连衣裙

S 形是一种突出身体线条的廓形，能呈现腰身曲线是其最大的特点，有些是呈现腿部线条。此类廓形的服装多为带弹性的针织面料，若不是针织面料，则衣身一定会有相应结构处理。

S 形连衣裙　　　　　　　　S 形连衣裙　　　　　　　　S 形连衣裙

T/Y 形廓形

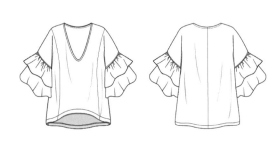

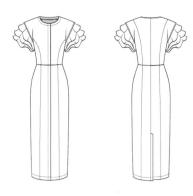

服装上端加宽，下端呈 H 型，此时整体为 T 型。　　　服装上端加宽，下端呈 S 形，此时整体为 Y 型。

T 型上衣　　　　　　　　　　　　　Y 型连衣裙

第2节　服装的衣袖与衣领

服装的衣袖

衣袖的设计，首先考虑的是结构，其次是造型。根据结构，衣袖可分为无袖、装袖、插袖和连袖等。我们还是通过服装效果图以及实际服装案例来展示这几种常见的衣袖样式。另外，对常见的装袖和插袖，我们还讲解了基础的服装效果图绘制要领。

无袖

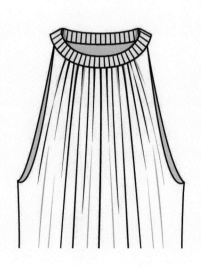

无袖上衣

装袖

装袖上衣

装袖上衣

装袖服装效果图绘制

小贴士
缝合线，用实线表示。

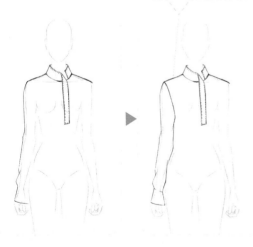

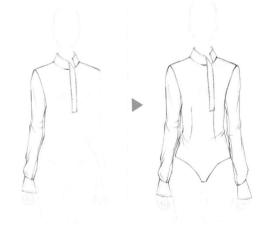

01 首先将衣身、衣袖的形状进行概括。画出袖子的廓形以及褶皱，再将衣袖与衣身的缝合处以一条实线连接。

02 衣袖和衣身分别是独立的结构，在袖窿处缝合。画出袖身的褶皱，以完善款式效果。

装袖（落肩袖）

小贴士
落肩袖是装袖的一种，它的袖窿不在肩部，而是下落至大臂。这种衣袖的服装，多为宽松的 H 形、O 形或 T 形廓形。因为腋下的松量较大，所以衣身、袖身都比较宽松。

落肩袖上衣

落肩袖上衣

落肩袖服装效果图绘制

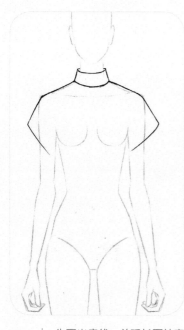

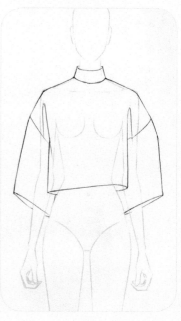

01 先画出肩线，并延长至袖窿线，再画出衣身与袖子的接缝，即袖窿线。

02 袖子的形状是一个圆柱体，定出其长度和宽度，画出袖形。

03 画出袖子与衣身之间的褶皱，表现出宽松之感。

插袖

小贴士
插袖又称插肩袖，肩部与
衣袖连接。衣袖与衣身的
连接线从领口延伸到袖窿。

插袖连裤装

插袖上衣

插袖服装效果图绘制

01 先画袖子的轮廓线。插肩袖服装的肩部形状比较圆润，肩线与袖子连成一线。再从领部起找出袖子与衣身的连接线，自领口一直延伸到腋下，与袖子轮廓相连。

02 服装大结构完成后，再添加口袋、扣子等细节。

小贴士

蝙蝠袖是一种非常有代表性的连袖，袖子和衣身是不分家的，连成一片。在绘制效果图时不需要考虑衣身与袖子之间的连接问题。但要注意，因为腋下会有较多的面料堆积，腋下部位会有褶皱。

连袖连衣裙

② 服装的衣领

衣领是环绕颈部的一个环形闭合结构。从结构来看，有无领、立领和翻领等几大类。每种结构分类下又有不同造型的领子，比如立领（分套头的、开襟的）和翻领（分衬衫领、西服领等）。

无领

U 形领上衣

U 形领

V 形领

一字领

圆领

V 形领上衣

立领

套头立领

开襟立领

开襟立领

开襟立领上衣

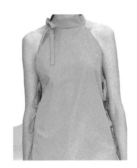

套头立领连衣裙

翻领

衬衫领

大衣领

西服领

衬衫领上衣

大衣领上衣

西服领上衣

第3节　服装的褶皱

服装的褶皱有的是伴随肢体活动所产生的动态褶皱，有的则是为了造型需求，由工艺产生的，还有的是因面料特性产生的褶皱。动态褶皱是面料表面的自然起伏，其起始端与结束端都比较平缓自然，无明显的固定位置，因此绘制时若要用线条概括，需要注意这一类线条的中间部位相较两端要粗。工艺褶皱与缝合工艺相关，有固定的起始端，绘制时线条一端粗一端细，代表褶皱由缝合处起始，逐渐消失。面料褶皱的状态介于两者之间。

 动态褶皱 动态褶皱会伴随着身体支撑点的动态产生，肩关节、胯骨、膝盖和肘关节等都是身体的重要支撑点，支撑点的活动会对面料施加外力，使其因受到拉扯而变形，从而产生动态褶皱。

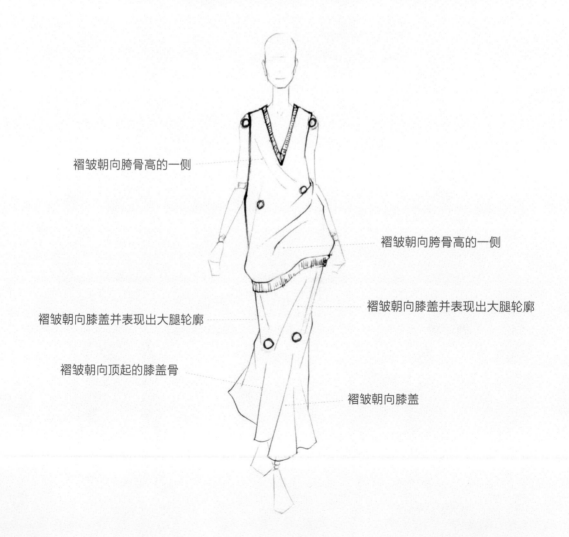

褶皱朝向胯骨高的一侧

褶皱朝向胯骨高的一侧

褶皱朝向膝盖并表现出大腿轮廓

褶皱朝向膝盖并表现出大腿轮廓

褶皱朝向顶起的膝盖骨

褶皱朝向膝盖

② 工艺褶皱

工艺褶皱的产生是由于缝纫时在缝合处对布料进行了褶皱设计，因此褶皱是从缝合处起始，并且在起始端褶子最深，然后随着延伸方向逐渐消失。下面了解几个常见的工艺褶皱样式及绘制方法。

一边固定的自然抽褶绘制

小贴士
底摆起伏不规律，画线时线的方向不停变化。

小贴士
注意，由下而上的线，要从底摆转折处开始往上画。

01 先概括出要画的衣服轮廓。

02 画出不规则的底摆，由于是自然抽褶，所以底摆起伏非常不规律。再由上而下、由下而上画线。从腰部起始的线间距不规律。

一边固定的规律褶皱绘制

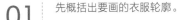

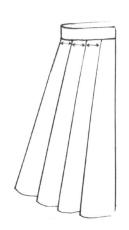

01 先概括出要画的衣服轮廓。

02 根据想要的褶皱间距，从腰部向下画线，注意间距要均匀。

03 将底摆按照间距画出一段一段的弧线，每段间距与弧度相近。

两边固定的自然碎褶

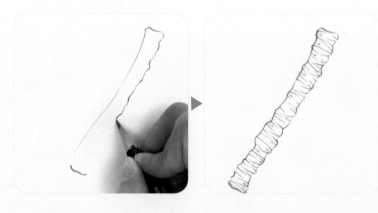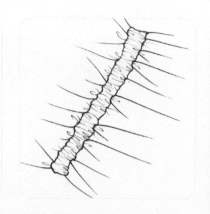

01 首先把廓形画出来。注意这种两边固定的碎褶，其两端的轮廓都是不规则的曲线。从每个转折的位置起向内部画线，或连接到另一端，或中途消失，左右交错，形成细密的碎褶。

02 若碎褶是抽绳或松紧，两端有面料，两端的褶皱则是自然抽褶的画法。

③ 面料垂褶 面料垂褶是由于板型产生的自然悬垂，与缝合工艺并无关系，而是与面料本身的垂性以及板型设计有关。此时褶皱没有明显的起始点，是逐渐形成，因此线条起始端较细，然后逐渐变粗。

有规律垂褶

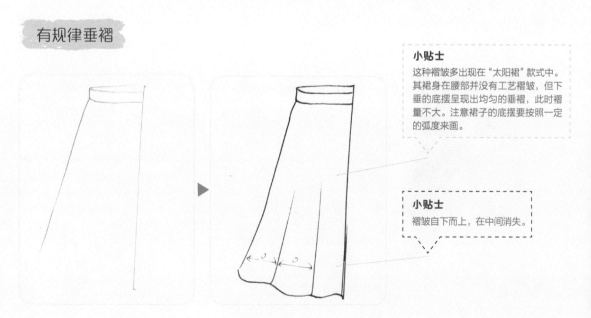

小贴士
这种褶皱多出现在"太阳裙"款式中。其裙身在腰部并没有工艺褶皱，但下垂的底摆呈现出均匀的垂褶，此时褶量不大。注意裙子的底摆要按照一定的弧度来画。

小贴士
褶皱自下而上，在中间消失。

有规律垂褶的绘制要先概括出廓形，成"A"字。再画出底摆的起伏，注意间距要相对均匀，起伏的程度也很类似。最后从每个起伏交错的位置起始，向上画出褶皱线。

无规律的垂褶

当面料量比较大时，底摆则会出现高低不平的起伏，且间距不均匀。

小贴士
底摆起伏，高低不平。

4 **面料褶皱** 有些服装上的褶皱，是由于面料本身属于褶皱面料，绘制时需要先分析面料上褶皱的形态。

规律单面百褶的绘制

小贴士
褶皱向一个方向折叠，下摆呈现"Z"字形。

"Z"

01 首先定出服装的廓形，并进行概括。注意底摆是有弧度的弧线。

02 根据面料的褶子宽度，在底摆处沿着下摆弧度画出一串"Z"字形。最后，在"Z"字的转折处，自下而上画出褶皱，并一直连到腰部。

规律双面百褶

小贴士
面料的褶皱，每一个凸起的面的两侧均有两个侧面，向两个相反方向折叠，下摆呈现"凹凸"形状。

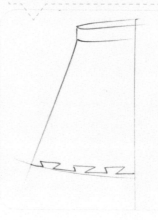

01 首先定出服装的廓形，并进行概括。注意底摆是有弧度的弧线。

02 根据面料的褶子宽度，在底摆处沿着下摆弧度画出一串"凹凸"字形。画出褶皱，并一直连到腰部。

03 最后在底摆的每一个转折处，自下而上画出褶皱，并一直连接到腰部。

小贴士
俯视状态下的底摆：
前面几种褶皱在绘制时我们默认能看见服装的底部结构。但并不是任何情况下服装底部的结构都能被看见，当我们处于俯视状态时，底部的结构是若隐若现的。

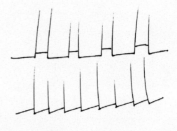

仰视角度下的底摆   俯视角度下的底摆

不规律压褶织物的绘制

小贴士
面料褶皱在服装上无规律分布，长短、疏密不一。

小贴士
有些面料本身属于褶皱面料，并且褶皱形态并不规律，底摆的轮廓也不规律。

01 面料自带褶皱的服装，无论是侧面还是底部，轮廓都不会很平整，底部轮廓线上有许多错落有致的转折。

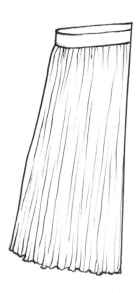

02 在画面料褶皱时要注意，使用两头轻、中间重的柔和线条。

时装画中的各种褶皱

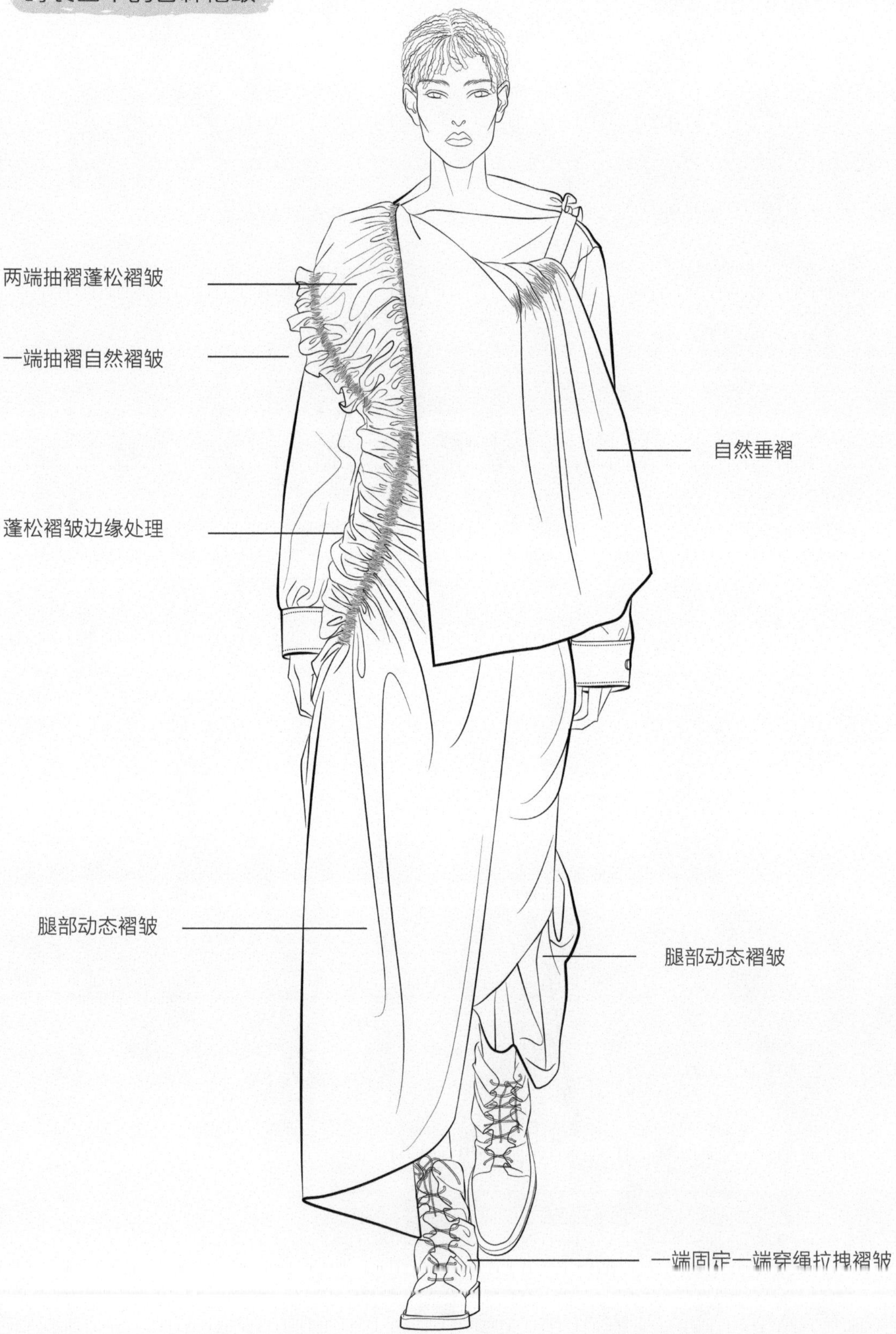

两端抽褶蓬松褶皱

一端抽褶自然褶皱

蓬松褶皱边缘处理

自然垂褶

腿部动态褶皱

腿部动态褶皱

一端固定一端穿绳拉拽褶皱

第4节　服装基础款式绘制练习

服装款式绘制通常按照以下几步进行：第一步，定出整体长宽以及廓形；第二步，画出服装各部位结构及其连带的褶皱；第三步，画出其他功能或装饰结构以及明线。

① 上衣的绘制

上衣三大结构的造型均可进行各式各样的设计，其中衣身是必有结构，衣袖和衣领的有无和结构依据款式设计进行绘制。

01 定出整体长宽以及廓形，注意服装是包裹人体的。

02 画出立领以及领口蝴蝶结的造型，注意布条之间的穿插关系。

03 画出披肩和衣身的廓形，注意底摆形状为中间低、两边高的弧形。将衣身上代表空间的斜向褶皱及腋下代表空间的纵向褶皱画出。将代表缝纫工艺的明线画出。

2 裤装的绘制

裤装的裤型长短、肥瘦变化多样，绘制时要考虑到左、右裤腿的衔接，以及服装与人体之间的空间关系。

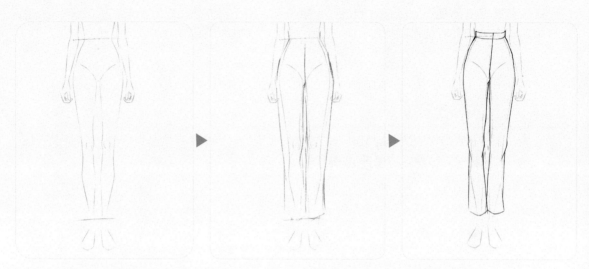

01 概括出裤子的廓形，画出长短、肥瘦。区分出左、右裤腿及腰头，刻画轮廓起伏处的褶皱。

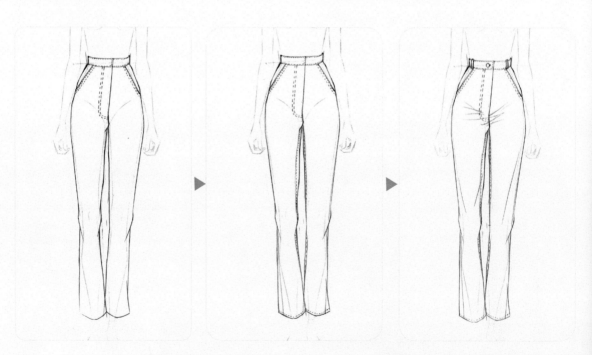

02 画出口袋、搭门、裤缝和腰祥，注意搭门是明线，并且多为双明线。裤缝根据工艺要求分为带明线和不带明线两类。

③ 裙装的绘制

百褶半身裙的绘制

01 先找长度，再找宽度。把裙子的底边弧度画出来，臀部的分割线也是一条弧线，腰头有宽度。

02 此款裙子腰臀之间是均匀的固定褶皱，因此在绘制时主要考虑从腰部出发线条的方向问题，以及中间间距大、两侧间距小的疏密关系。

03 由于是从上向下画，可直接将裙摆褶皱沿着臀部的折痕向下画。

04 在底摆处根据褶子宽度画出"Z"形下摆。

05 完善工艺细节（如明线的刻画）。

连衣裙的绘制

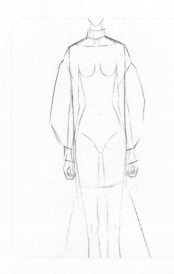

01 概括整体长短、衣身、裙摆及袖子的大致廓形。

02 从上而下绘制各个结构的具体形状，此款衣服为立领，注意画出左右两片领子的叠压关系。

03 袖子是 O 形，上下两端均有工艺褶皱。

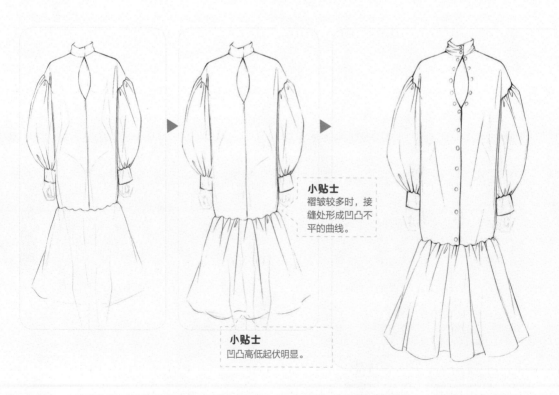

小贴士
凹凸高低起伏明显。

小贴士
褶皱较多时，接缝处形成凹凸不平的曲线。

04 下摆处的褶皱在接缝处隆起，盖过接缝线，形成凹凸不平的边缘。褶量较大，底摆高低起伏明显。

第5节　服装效果图的线稿绘制

服装款式图是对服装款式的详细刻画，是一种平面化的绘画。在服装设计过程中，除了款式图之外，设计师还需要画出服装效果图。绘制时需要重点把握服装与人体之间的包裹关系以及空间关系。本节将通过一组案例讲解效果图线稿的绘制步骤。

起稿　● 工具：铅笔

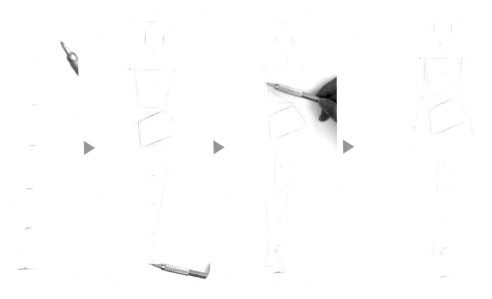

01 | 先用铅笔大致描绘出模特的身体比例及动态，再用几何形状概括出模特的身体形状。

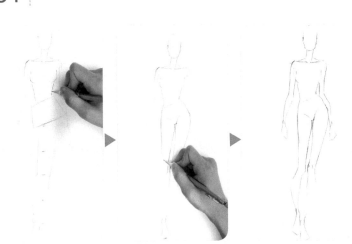

小贴士
人体动势自然是最关键的，其次是身体的肌肉线条要明确。

02　画身体结构，不要太用力，轻轻画出基本形状即可。

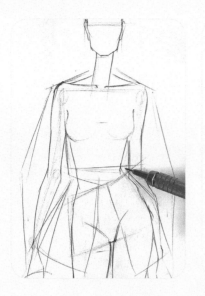

03 概括出服装的基本廓形，注意保持服装与人体之间的空间关系，并且效果图中的穿着状态要优于实际穿着状态（基于实际情况可略作夸张）。

04 简单描绘模特的面部和头发，线条要简练、干净，不要有过多的笔触。

05 将服装、鞋子的结构画出。注意服装穿在人身上之后，受动态的影响，会产生许多褶皱，根据动态褶皱的画法绘画即可。

勾线 ● 工具：针管笔、小楷笔

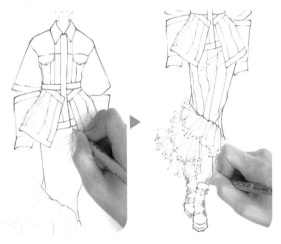

01 勾线时需要根据需求选择笔的型号。一般在画人物时，选择003号和005号的细针管笔。

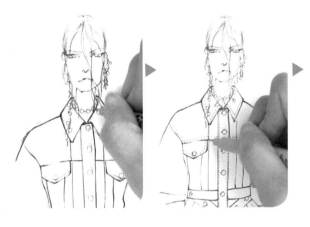

小贴士
用小楷笔时手腕要放松，要画出有粗细变化的线条。

02

在画服装时，根据服装的厚度及硬度随时更换不同粗细的笔。当面料比较轻薄时，可选择01号～03号针管笔；当面料较厚时，可选择03号～05号针管笔，并同时搭配小楷笔使用。在服装的转折和叠压处进行加重处理，以营造富有节奏的画面层次。

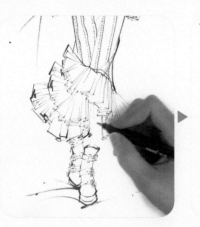

03 服装内部的一些缝合线、明线以及扣、钉等辅料用 01 号针管笔或 005 号针管笔绘制，以展现服装细腻精湛的工艺。

04 修饰细节，提升画面的质感。

色彩知识与服装色彩搭配

第1节 色彩基础知识

一件物品的色彩属性往往给人留下重要的第一印象，服装也不例外。因此，设计师要熟知色彩属性、色彩心理和色彩搭配等基础知识，熟练运用色彩，把握服装的风格和基调。

 色彩简介

有彩色系与无彩色系

色彩可以分为有彩色系和无彩色系两大类。其中有彩色系包括可见光谱中的所有颜色，例如我们熟悉的红色、橙色、黄色、绿色、蓝色和紫色等。无彩色系包括黑色、白色，以及其相互调和出来的不同深浅的灰色。

色彩三要素

色彩具有三大要素，分别是色相、明度和纯度。所有的有彩色系颜色都具备这三个要素，而无彩色系的颜色是没有纯度的。

色相： 色彩的样貌，即外观属性，是我们区分色彩的主要依据，也是色彩的名称，即红色、绿色、蓝色等。

明度： 色彩的明暗程度。色彩明度越高，色彩越亮；色彩明度越低，色彩越暗。

纯度： 色彩的鲜艳程度。纯度越高，色相感越清晰；纯度越低，代表色彩越浑浊，色相感越弱。

三原色

色彩中的三原色是红色、黄色和蓝色，这三种颜色是不能再分解的颜色。三原色可以混合出所有的彩色。

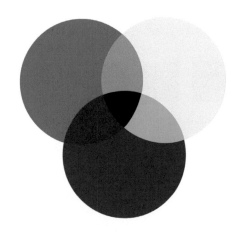

三原色

红色	+	黄色	=	橙色

黄色	+	蓝色	=	绿色

蓝色	+	红色	=	紫色

橙色	+	紫色	=	红灰色

紫色	+	绿色	=	蓝灰色

橙色	+	绿色	=	黄灰色

2 色彩的调和

我们会通过颜色之间的相互调和，找到色相、纯度以及明度都适宜的我们想要的颜色。

不同纯度的红色

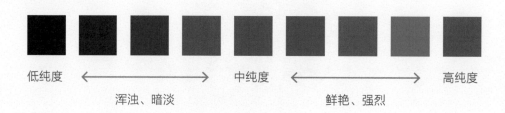

低纯度 ←——————→ 中纯度 ←——————→ 高纯度

浑浊、暗淡　　　　　　　　　鲜艳、强烈

明度的变化　有彩色系颜色中加入无彩色系颜色会影响原来的明度。

低明度　　　　　中明度　　　　　高明度

中低明度　　　　　中高明度

几种调色示例

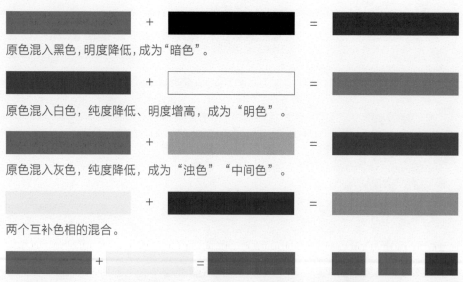

原色混入黑色，明度降低，成为"暗色"。

原色混入白色，纯度降低、明度增高，成为"明色"。

原色混入灰色，纯度降低，成为"浊色""中间色"。

两个互补色相的混合。

三原色相混合后，明度和纯度降低。根据混入的比例不同，会得到带黄色、蓝色或红色的中间色。

第2节　手绘色彩表现

手绘中常用到彩铅、水彩和马克笔等工具。每一种工具都有它的优势和所能呈现的风格效果。本节将示范彩铅、水彩和马克笔三种绘画工具的色彩表现。

1　彩铅的色彩表现

彩铅的颜色会因为下笔力度的不同而有不同呈现状态。我们在拿到新的彩铅时通常需要先做一张色卡，了解这套彩铅的颜色状态。色卡制作中，涂绘每个颜色时下笔力度从轻到重，将每一个颜色所能达到的所有绘制效果呈现出来。

无论使用什么品牌的彩铅，色卡的制作方法是统一的。

制作色卡

小贴士

制作色卡时，注意手上的力度要逐步变化，把一支笔能够做到的色彩效果全部表现出来。彩铅比较常见的品牌有辉柏嘉、酷喜乐、三菱、施德楼等。

不同颜色彩铅渐变效果展示

下面我们再展示一些彩铅绘制效果，让大家对彩铅的色彩表现有一个直观感受。大家也可以拿起自己的工具多多体验。

不同颜色彩铅混色效果展示

混色与渐变的区别在于，渐变是颜色相接但不叠加、混合在一起；混色是两种或多种颜色调和出新的颜色。

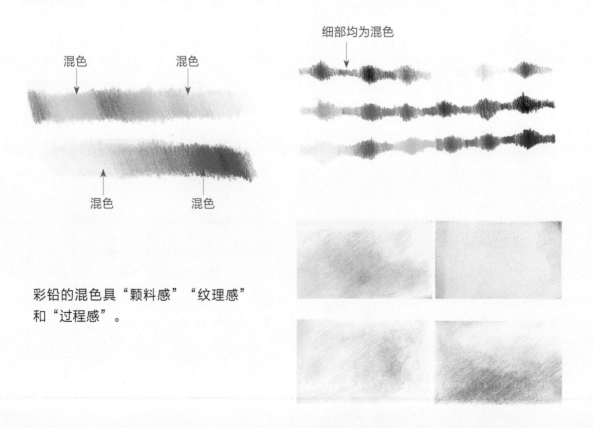

彩铅的混色具"颗粒感""纹理感"
和"过程感"。

2 水彩的色彩表现

水彩的颜色深浅是通过控制用水量的多少实现的。当用水量较多时，水彩画出的颜色质感轻薄且颜色较浅；当用水量较少时，水彩画出的颜色质感厚重且颜色较深。在使用水彩之前，同样需要做一张色卡。

制作色卡

小贴士
制作色卡时，通过变化用水量把一种颜料所能达到的效果都呈现出来。水彩常见的品牌有温莎牛顿、樱花、鲁本斯、卢卡斯和吴竹等。

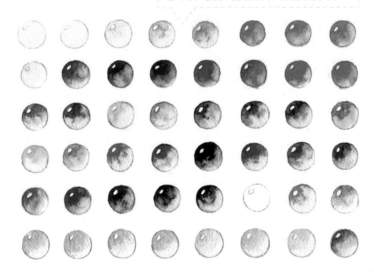

水彩绘制技法及其效果

我们在这里，同样展示一些水彩的绘制效果。

湿画法　简单地说，就是先铺水再上色。本书中多用于大面积铺色或渐变效果或混色效果的呈现。

大面积铺色

渐变效果

混色效果

干画法 不铺水,直接上色。本书中多用于线条绘制和明确边缘的形状绘制。

画线条　　　　　画形状

水彩混色效果展示

水彩因其特有的混色效果,在表现一些特殊面料质感时常常用到。本书的最后一章有相关应用讲解。

3 马克笔的色彩表现

马克笔的笔触形状是具体的、有规律的,因此画出来的色块面积也比较具象,可将不同的色彩及层次关系用形状准确地概括出来。制作马克笔的色卡,需要将色彩的层次感表现出来。

制作色卡

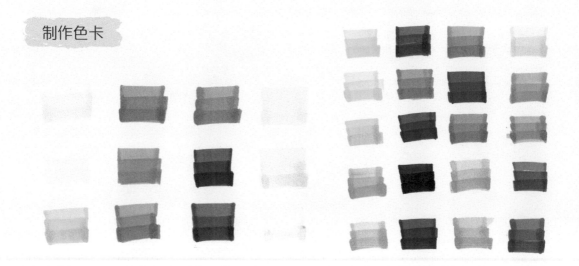

马克笔渐变效果展示

马克笔叠色效果展示

渐变叠加　　　　　　　　灰度叠加

马克笔混色效果展示

第3节　服装的色彩搭配

在服装设计中，色彩的搭配首先要符合色调的一致性，在大色调一致的基础之上，色相、明度、纯度之间可根据搭配方案相互组合。另外，不同的服饰风格对应的整体色调是有区别的。

1 服装的色调

色调是一个整体的概念。任何一幅画面都能呈现出一种调性，这种色调是画面中色彩的冷暖、轻重、明暗、鲜浊等的综合体现。

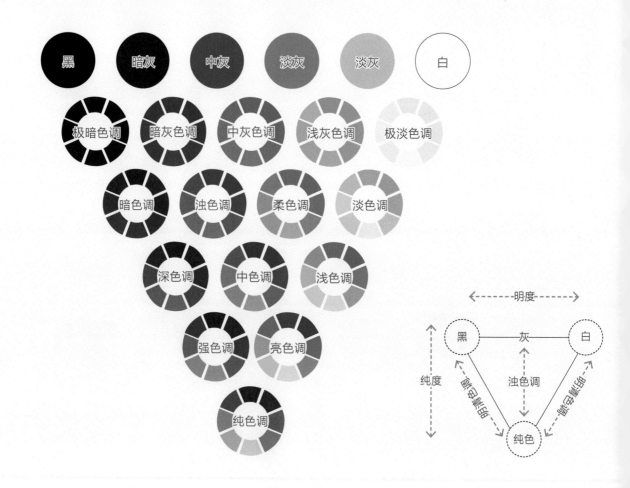

小贴士
低纯度的色彩搭配中往往伴随着
高明度的色彩，风格神秘且充满
异域风情。

小贴士
低明度的色调，风格
成熟庄重，更有气场。

小贴士
高纯度的色调，风格
热烈奔放，充满激情。

低纯度

低明度

高纯度

小贴士
高明度的色调，风格
清新脱俗，明亮轻快。

小贴士
浊色调同时兼有高明度与低
明度的效果，因此风格细腻
柔和、优雅非凡。

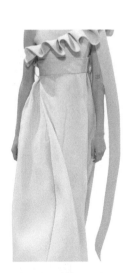

高明度

高明度

浊色调

2 服装色彩搭配的基本方案

我们可以从色相环上清晰地分辨出颜色之间的关系。按照角度划分，可将色彩搭配分成相似色、中差色、对比色和互补色形式。

相似色搭配

色相环中，90°夹角以内的颜色统称为相似色，也可以再细分为同类色（15°以内）和邻近色（60°以内）。相似色之间含有共同的色素，采用此类搭配方案，给人以统一、和谐的感觉。

相似色搭配

中差色搭配

色相环中，互成 90° 的颜色称为中差色。这种配色，有一定色相差异，整体感觉清新、秀雅，但因对比度并不是很大，需要在明度、纯度和面积等元素上调整，以呈现较完美的搭配效果，是一种广泛应用但有一定难度的搭配方案。

以上相邻色块之间为中差色。

中差色搭配

中差色搭配

中差色搭配

小贴士
接近 90° 的相似色也可称为中差色。此案例中两种色彩搭配混合应用。

相似色与中差色搭配

对比色搭配

狭义的对比色，指在色相环中，互成 120° 到 180° 之间的两种颜色。

另有一种相对广义的定义：两种可以明显区分的色彩，叫对比色。包括色相对比、明度对比、饱和度对比、冷暖对比、补色对比、色彩和消色的对比等。比如任何色彩和黑、白、灰，深色和浅色，冷色和暖色，亮色和暗色都是对比色关系。

对比色因为其色彩差异较大，选择难度较小，呈现出的视觉效果饱满华丽，是一种较为广泛应用的色彩搭配方案。

以上相邻色块之间为对比色。

对比色搭配

对比色搭配

明度对比搭配

明度对比搭配

纯度对比搭配

黑白对比搭配

互补色搭配

色相环中，互成 180° 的颜色即是互补色，互补色的搭配视觉效果强烈，色彩对比达到最大的程度。

服装设计中的色彩搭配方案是有方法和规律的，任何一种风格都有可以与之匹配的方案。初学者在画设计稿时，若不知道如何进行色彩搭配，需要多参考已有的优秀案例，并应用到自己的绘画练习中，培养自己的色感，逐步提升自己的色彩搭配能力。

互补色搭配

时装画基础上色技法

06

第1节 时装画人物美妆

(1) ### 人物美妆彩铅上色

使用彩铅进行人物上色时，纸的选择是关键。表面平滑细腻、硬度较高的纸可以表现出彩铅细腻柔和的效果，表面粗糙的纸可以表现出有颗粒感、富有层次的画面效果。

本节要讲的是人物美妆的详细绘制，因此选择细腻平滑的纸张进行绘画。推荐使用辉柏嘉水溶性彩铅。

01 | 为了使人物更细腻柔和，可以选择用彩铅起稿。颜色选用裸色或棕色系。

02 | 将皮肤暗部用肤色概括出来，包括眼窝、鼻底、颧骨及下巴下方。绘制暗部时，手部力度加大，绘制边缘位置力度减小，注意边缘要有柔和的过渡感。

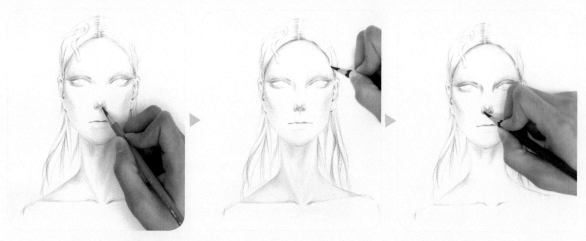

03 | 给皮肤上妆。用较深的颜色加重眼妆，加深头发与额头相交处的阴影，用棕色画出鼻孔以及耳朵的阴影部位。

小贴士
若要加重暗部，应选择颜色更深的笔。

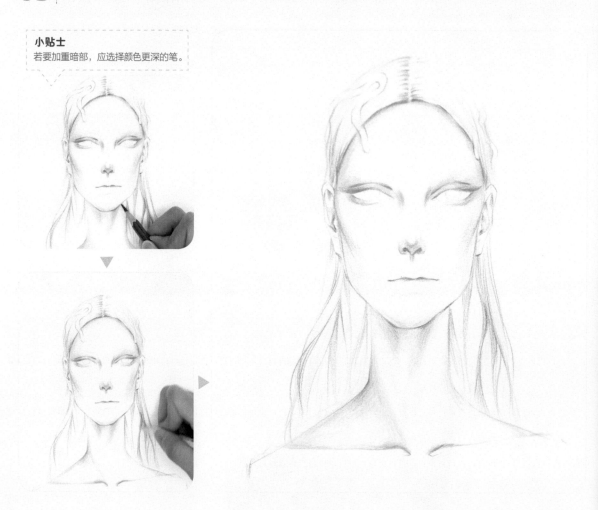

04 | 铺设头发的底色，用中黄色轻轻上色。为头发铺一层淡淡的黄色，底色的选择跟发色有直接关系。当发色为浅棕色时，头发底色为黄色；当头发颜色为深棕色时，底色可用橙色。

小贴士

上色时，画线的方向与头发的梳理方向一致。

05 头发与妆容在上色步骤上并没有固定的先后顺序，可自行决定。在为头发上色时，先用棕色将暗部画出，再用深棕色在暗部叠加出层次。头发中相互交叉的位置，颜色更重。

06 用黑色彩铅强调发根、耳后等发丝密集部位。

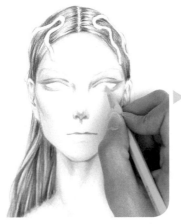

07 刻画眼睛。先用浅蓝色画出眼球，再用更深一点的蓝色加深瞳孔和眼球周围。

小贴士

画睫毛时，线条"头重脚轻"，下笔用力，提笔轻，并且睫毛为微微卷曲的卷翘状。

08 用黑色加重眼线及瞳孔，并画出睫毛。

09 先用棕色画出眉形，再用黑色画出少量毛发，使之具有立体感。嘴唇先用樱花粉色平涂一遍，下唇的中间部位留高光。再用更深的颜色加重唇中缝以及人中部位的唇形，突出唇形的立体感。

● 工具：高光笔

10 细节调整。加重发饰周围的颜色，强化空间关系。用高光笔将瞳孔的高光强调出来。在头发中加入混色，增强整体的层次感。

2 人物美妆水彩上色

水彩的干画法画出的效果色块分明，形状具体；湿画法则可以将颜色更好地融合，色彩均匀薄透。在使用水彩进行人物上色时，可以采用干湿结合的方法来画。

小贴士
铺水时水不宜太多。

01 首先在要上色的区域铺水，用量要均匀。注意不要超出上色区域。

02 先给皮肤上色。注意颜料要聚集在画笔的笔尖处。上色时，笔尖接触纸面留下的颜色要比笔肚部位接触纸面留下的颜色更浓。

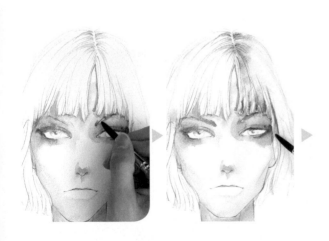

03 在给皮肤上色时，顺便对眼睛周围的眼妆颜色进行铺垫。注意靠近上眼线、下眼线及外眼角的部位颜色要加重。铺完皮肤颜色之后，再给头发铺一层纯度或明度较高的打底色。

小贴士
头发与脸部相交的位置，颜色加重，以表现出发型的空间感。

04 在画头发时，先用湿画法将头发的区域打湿，再铺一层基础色。同时在发根和靠近脸部的位置加重颜色，以增强其体积感。

05 加深眼妆。用更深的颜色从眼眶起铺色，靠近眼眶处颜色深，向外逐渐变浅，最终与皮肤颜色融为一体。用浅蓝色画出眼球的颜色。用裸色画出唇形。注意咬唇妆的要点在于淡化唇形以及强化唇中缝的颜色。

06 在给唇部上色时，先在要上色的区域铺水，从唇中缝开始给颜色。笔尖轻点，颜色自然晕开。再继续加重唇中缝的颜色。水彩干透以后会比湿润时的颜色更浅，若需要呈现浓稠的深色，则需要少加水。

07 妆容刻画。加重眼线、瞳孔，瞳孔旁边留出高光。用干画笔画出上、下眼睫毛及唇中缝，并用细腻的笔触沿着头发生长的方向画出流畅的发丝。注意一定要用干笔画来画。面部的水滴状装饰用湿画法完成，要留出高光。

小贴士

发丝在边缘处做自然、凌乱的处理，线条相互交错，发梢轻盈摆动。

● 工具：针管笔　　　　● 工具：高光笔

08 细节调整。加重眼睛、头发的轮廓部分，提亮瞳孔高光以及唇部高光。

09 增强妆容的立体感。加重颧骨下方的侧影。脸颊处用水彩笔的侧峰绘制阴影，画完一块面积之后，用干净的水笔将边缘做柔和处理，使阴影与亮部之间产生柔和过渡。

小贴士
水彩的颜色较淡，若想展现浓厚的色彩，还可用彩铅叠色表现。

● 工具：彩铅

10 用彩铅辅助呈现妆容层次。突出颧骨及下巴，使妆容更立体。

总结

干画法、湿画法相互配合，最后用彩铅加以叠色。

用铅笔起稿，用水彩、彩铅上色，用针管笔加重暗部线条，高光笔提亮眼睛及唇彩高光。

3 人物美妆马克笔上色

马克笔非常适合用来塑造面部有棱角、有个性的人物形象。有力的笔触、饱满的颜色都是马克笔特有的属性。配合针管笔和小楷笔使用，可以营造出非常有视觉冲击力的画面。推荐使用法卡勒三代马克笔。

01 选好绘制皮肤所用的色号，按照从浅到深的顺序上色。下笔要轻，避免出现太明显的笔触顿挫。眼窝、颧骨侧面、颈部中间要用近似三角形的笔触进行概括。上色时落笔要重，提笔要轻，使笔触呈现三角形。

小贴士
从颜色最暗的部位落笔，在颜色较浅的部位提笔。

02 选择更深一色号的画笔，用软头的一端进行绘画，在暗部做色彩叠加，以增强肤色的层次感。要着重强调刘海儿下方、鼻根左右两侧、鼻底、颧骨及锁骨等部位的颜色。

小贴士
齐边的发型从下向上画，可以用来表现厚重的发量。若发色较深，可直接使用深色进行上色。

03

为头发上色。先用浅黄色打底，再用棕色涂一个基础色。

绘制前先分析发型的结构组成。此款发型属于齐刘海儿长直发。头发从头顶起，向前是刘海儿，向左向右分别下垂。

在铺棕色基础色时，要从发根画起。线条分别向前、左、右三个方向画。刘海儿是齐平、厚重的，从发梢起向上画的线条更能凸显厚重感。

注意留出高光部位。线条要流畅，有始有末，提笔要轻，要将头发的柔顺表现出来。

小贴士
加深耳朵后面的颜色，将侧面头发与后面头发的空间拉开。

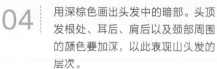

04 用深棕色画出头发中的暗部。头顶发根处、耳后、肩后以及颈部周围的颜色要加深，以此表现山头发的层次。

05 继续加深暗部。用针管笔或小楷笔把头发的层次画得更丰富。用马克笔方头的一侧（较短一侧）在头发中有规律地画出一排排的短线，以此来表现头发中细密的小卷。

● 工具：针管笔、小楷笔

小贴士
用排列整齐的短线表现出细密的小卷。

06 用高光笔在细密的小卷上画出高光，以提升层次感。为使画面丰富，可画出上衣服装。因为本小节主讲人物美妆上色，所以也可暂不绘制衣物。

● 工具：高光笔

● 工具：针管笔

07 妆容刻画。选择合适的眼妆色号，分别从内眼角、外眼角起笔化眼妆。先用浅棕色加重内、外眼角的妆容颜色，再画出眼球，同时在眼球上留出高光，再用针管笔画出瞳孔和眼线。

● 工具：针管笔

08 用细针管笔将上眼线加粗，并由外向内地简单刻画黑眼球中的纹路。

09 给嘴唇涂上裸粉色作为基础色。

10 用深红色在眼眶、颧骨及嘴唇处轻轻蹭出颜色，使之与底色相融合，提亮妆容。

小贴士
当人物色彩接近饱满时，服装需要用较粗的线条进行强调，这样画面效果会更好。

第2节 通过色彩表现服装立体感

1 服装的整体立体表现

为服装上色时，首先要考虑的是整体立体感。服装穿在人身上，从整体来看，胸腔、盆腔、双臂及双腿被圆柱体所包裹。因此要先把几个重要的圆柱体找出来，并确定明暗关系，之后再画出衣服上的褶皱等。这里我们先看看基础几何体的表现。

01 将身体的上身、下身及手臂用圆柱体进行概括。假定一个光源（此处假设右前方来光），然后分别找出几处圆柱体的明暗变化。

02 将左右两侧的背光处用更深的颜色进行绘制，留出高光，打造出圆柱体表面的立体关系。

2 服装的褶皱表现

在前面章节中，我们已讲解过服装的褶皱。这些，在时装画上色时需要重点表现。褶皱处的绘制重点，在于正确画出阴影及亮部的位置、形状以及颜色的深浅程度。

在时装画上色过程中，即使增加了色彩因素，其基本原则也是不变的。

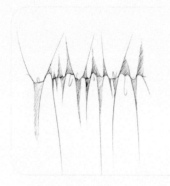

抽褶褶皱的明暗关系示例：阴影部位是细长的锐角三角形。

动态褶皱的明暗关系示例：阴影部位是细长的三角形。

单个堆积褶皱的明暗关系示例。

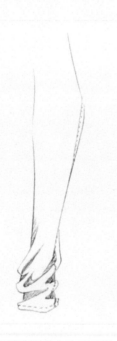

裤腿堆积褶皱的明暗关系示例。

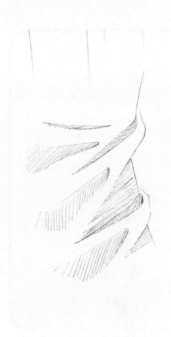

多个堆积褶皱的明暗关系示例。

第 3 节　时装画的色彩绘制

绘制时装画时，我们可以通过色彩表现服装的整体空间感觉，以及细节褶皱效果。过程中，如何找到明暗的深浅关系以及褶皱暗部的形状是绘制的重点。

小贴士
不要忘记给手部上色。

● 工具：彩铅

01　给皮肤上基础色。在额头周围、眼窝、鼻底、颧骨下方、下巴下方、颈部两侧以及其他露出来的皮肤暗部部位上色，下笔力度要轻。

02　将皮肤暗部颜色的层次拉开，上色部位面积越小，立体感越明显。在这一步顺便画出眼睑周围的眼妆。

小贴士
眼妆靠近眼线、眼窝线的位置颜色加深。

● 工具：针管笔　● 工具：彩铅

03　给眼球上色。先用彩铅轻轻涂色，颜色要淡。

04　用针管笔画出瞳孔以及眼线。在瞳孔一侧留出高光，高光方向与光源方向一致。

05　选好嘴唇的颜色后，从唇中缝开始上色，向上、向下分别画出唇形，要在下唇中间部位留出高光。

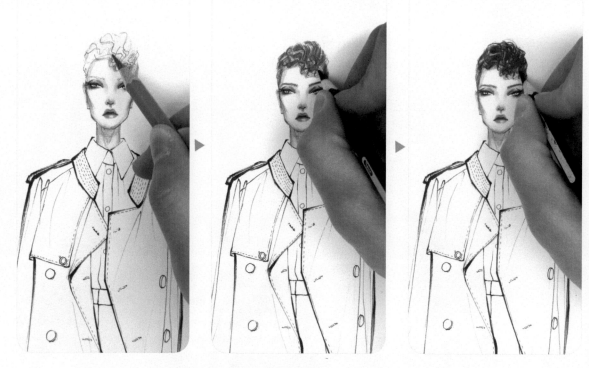

06 给头发上色。棕色的头发可以先用浅黄色轻轻涂一层打底，然后用棕色画出头发的整体颜色，注意留出高光。再用黑色在头发之间的缝隙处加深，以打造层次感。

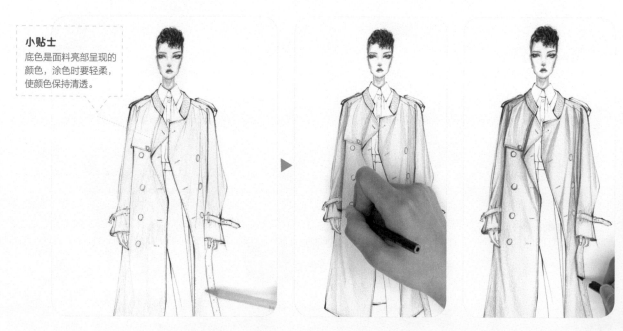

小贴士
底色是面料亮部呈现的颜色，涂色时要轻柔，使颜色保持清透。

07 先用浅米色在整件衣服表面涂一层底色，再用棕色在衣身、衣袖绘制暗部，把立体感表现出来。

08 画完整体的明暗关系之后，开始画褶皱。把褶皱以及有叠压关系部位的阴影画出。

小贴士
要敢于拉开明暗对比。
用深色轻轻画出暗部颜
色，不要用力涂。

09 裤子用浅色轻涂打底，暗部重涂，以此区分明暗。

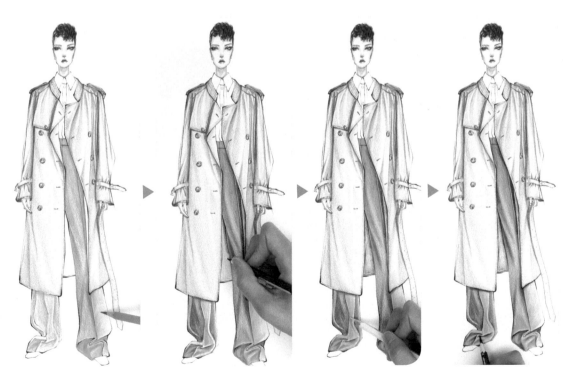

10 深蓝色、黑色配合打造暗部。上衣与裤子有叠压关系的地方明度要低，用黑色轻涂混色。亮部不要留白，用黄
色混色，使画面色彩关系更丰富，亮部更柔和。

小贴士
转折处要留出高光。

小贴士
用灰色画出白色衬衫的阴影处。

11 绘制鞋子，体现厚度的重点在
于画出鞋子的鞋面与两侧之间
的转折处的高光。
再整理一下服装细节处的阴影。

时装画中不同面料的质感表现

07

第1节 常见面料

面料的质感是其厚度、硬度以及平滑度等方面的综合体现。在服装设计过程中对面料的选择，也主要依据这些基本属性。本章将从面料的基本属性入手，对时装画中出现的一些有代表性的面料进行绘画表现的讲解。

这一节，先简单展示一些常见面料，以及面料的不同质感和制作出的服装的感觉。

常见面料

蕾丝面料　　　　　针织面料　　　　　牛仔面料　　　　　皮草面料　　　　　毛绒面料

不同质感的面料

粗糙面料　　　　　通透面料　　　　　轻薄面料　　　　　柔软面料

厚重面料　　　　　硬挺面料　　　　　平滑面料

不同质感的面料制作的服装

粗糙面料服装

厚重面料服装

平滑面料服装

柔软面料服装

硬挺面料服装

第2节　时装画中不同面料的质感表现

1 半透明纱质面料的质感表现

● 工具：水彩

01 ┃ 先完成人体绘制。纱质面料质地清透，会将身体线条以及肤色显露出来，所以在面料与身体重叠的部分需要
　　┃ 先画出身体。

02 ┃ 给皮肤上色时要注意明暗
　　┃ 的对比，并敢于加重暗部。

小贴士
用湿画法画眼妆，在眼眶周围晕开，使妆容自然柔和。

03 | 相继完成人物的发色、眼妆及唇妆上色，注意拉开明暗关系。

小贴士
握笔距离远一些，使线条更流畅。

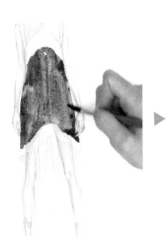  

04 | 给服装铺底色。先在要上色的区域铺水，在湿润的状态下上色。薄纱的部分颜色很浅，所以要加大量的水，同时也为了让人物的腿部线条露出来。

05 | 纱质面料重叠的地方颜色会加深，并且形状具体。在第一层纱的颜色干了之后，再用干画法画出第二层、第三层……绘制面积由大到小，逐渐变为细长形，并且颜色越来越深。画完衣服的后面一层，再画衣身前面的一层。

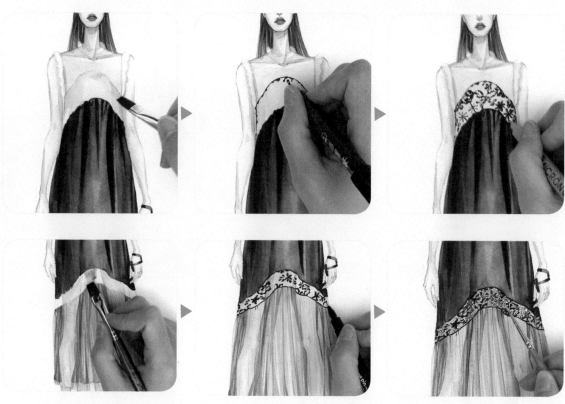

● 工具：水彩、针管笔、小楷笔

06　绘制蕾丝。蕾丝是一种有镂空效果的面料，需要先确保皮肤的底色是完善的。绘制时，使用小楷笔和针管笔画出蕾丝的花形。

● 工具：水彩、针管笔、高光颜料

07　用黑色画好花形之后，再用细毛笔蘸取高光颜料，画出蕾丝花形中的高光，使蕾丝更立体。

08　绘制领口、袖口的睫毛蕾丝。用针管笔画出蕾丝花边的边缘以及内部结构，再画出领口，注意尾部是圆点状的。

09 | 绘制菱形网格。用005号针管笔绘制菱形网格。先画出一个方向的所有线条，再画出相反方向的线条。

10 | 绘制鞋子。脚面的颜色较浅，两侧颜色较深。用银色高光笔绘制鞋子上的图案。

 工具：针管笔

11 | 手部饰品细节刻画。用细针管笔细致描绘手部饰品细节。

● 工具：水彩

12 | 绘制衣身的前层薄纱。待身后的薄纱干透后，用干画法由浅入深地绘制身前的薄纱，最后再用黑色在褶皱处画出少量细线。

2 蕾丝面料的质感表现

● 工具：水彩

01 | 面料为半透明，因此身体线条以及肤色是可以显露出来的。在起线稿时，要把腿型画出来，并给人体上色。

02 | 待皮肤颜色干透后，开始给衣服上色。由于面积比较大，所以先铺水，然后再用湿画法上第一层颜色。半透明的面料重叠层数越多，颜色越深，并且面料重叠的部位形状很明确。

03 根据面料层数划分区域，重叠多的地方颜色深，层数少的地方颜色浅。同时用水量的多少也关系着颜色的深浅。

04 在裤子区域铺水，把具体的形状画出来，上色并区分衬裤区域的明暗。

小贴士
此款蕾丝面料布满花形，且花形是具象的，可用针管笔画出。

● 工具：彩铅

05 画鞋子时要先画鞋底，并注意鞋底是有厚度的。

● 工具：针管笔

06 蕾丝面料的边缘不是直线，所以不要一开始就用直线勾边，可用针管笔直接把花形画出来。

● 工具：水彩、针管笔

07 继续画出裙摆上的蕾丝花纹。受到腿部动态的影响，腿部的面料被撑开，花纹能比较清楚地展现出来。

08 用水彩笔配合针管笔来画一些散布的点状，可以营造出大小不一的生动效果。

小贴士
黑色薄纱使腿部颜色加深，并且腿的两侧与中间的对比变强。

● 工具：针管笔

09 黑色蕾丝花形中有一些深浅变化，要用针管笔进行刻画，以加深图案密集的部分。

● 工具：水彩

10 调整细节。把被遮挡的腿部颜色加深，使人物更立体。

3 真丝绸缎类面料的质感表现

真丝绸缎类面料质地光滑，表层有柔和的反光，褶皱明暗分明。如果面料质地柔软，服装款式线条多为柔软的曲线；如果面料质地挺括，线条多为直线。

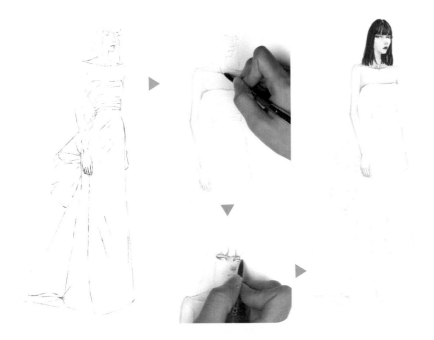

● 工具：水彩

01

起稿时要注意褶皱的形状、位置，要画准确。先给人物上色。

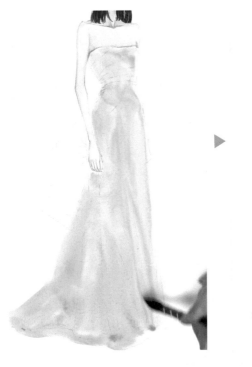

02

先把颜料调好，分量要足，避免大面积铺色时不够用。先铺水，再上色，笔尖朝向边缘，使边缘上的颜色加重，中间颜色较浅，将服装的体积关系体现出来。

小贴士
表现褶皱暗部时，颜料要浓，
少用水。

03 在背后的蝴蝶结部位铺水并
上色，用笔尖推颜料，以找
出整体明暗。

● 工具：彩铅

04 衣身干后颜色会呈现出不均匀的效果，可用彩
铅补充颜色。

● 工具：水彩

05 用水彩干画法将褶皱叠压处的阴影表现出来。裙
子侧缝处也有阴影，用深色画出。

小贴士
用水量要够，笔
触要连贯，不能
出现碎小的笔触。

小贴士
暗部形状要具体，要敢于把颜
色加深。

06 为了突出面料的光感，要
将服装背光面（右侧）以
及褶皱阴影的颜色整体加
深。可以用水彩干画法配
合彩铅绘制。

小贴士
削细笔尖去画褶
皱处的高光。

● 工具：彩铅

07 白色彩铅的质地比较适合
用来打造柔和的高光。把铅
笔削尖，在面料转折处画出
细腻的白色高光。

● 工具：水彩

08 衣身部位的高光面积比较大，从高光处向两端逐渐融合，呈现出柔
和的效果。绘制时可以先用较浓的白色在高光区上色，再将笔头用
吸水海绵蘸干一些，把白色两侧的边缘推开，使高光和两侧的颜色
自然过渡。

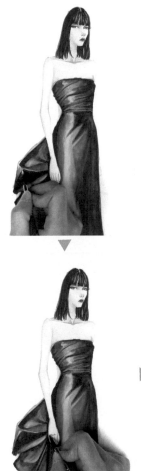

09 调整细节。拉开暗
部与亮部的对比，
最后用小号（00
号或01号）笔刻
画细节。

4 格子面料的质感表现

格子面料，可以把格子看作是布料上的图案来处理。这些图案是由线条组成，这些线条与面料本身的质感并无关联。绘制时可以先画出面料的底色，再将其内部的线条按照面料的起伏规律画出来。

● 工具：水彩

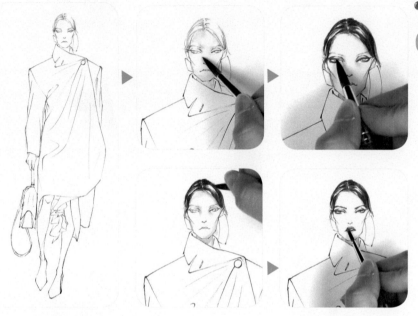

01 给人物上色。低明度更适合中性风格的人物，妆容颜色要淡。当头发面积小的时候，主要加重发根，拉开整体明暗关系，减少细节刻画。

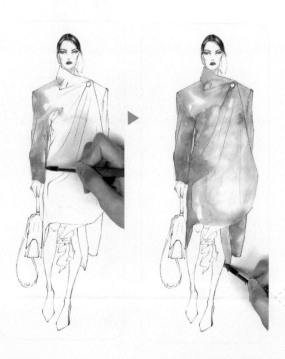

02 给服装上色。先调色，后铺水，再上色。上色时水彩会自然形成不均匀的色块，不用刻意涂匀，保留自然地晕染效果，使画面更自然，更有层次感。

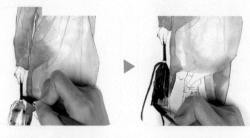

03 给配饰上色。包盖以下的部位颜色加深，颜色要浓，水量要少。

小贴士
握笔距离远一些，使线条更流畅。

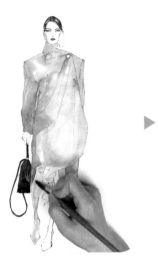 ▶  ▶

04 给裤袜上色。先铺水，然后上一层蓝色底色，再在腿的边缘用深色晕染。

小贴士
这一遍用的是干画法。笔要保持足够的水量，以画出完整的色块。

 ▶  ▶

05 完成第一遍整体上色之后，再逐步完善明暗关系。把衣身的黑、白、灰关系拉开，并将褶皱的具体形状画出来。用黑色画出衣领底部、兜盖底部的阴影。

小贴士
起伏处线条弯曲方向一致，横竖方向的线条交叉形成垂直关系。

 ▶  ▶

● 工具：彩铅

06 用彩铅绘制面料上的格纹。先画所有横排或者竖排的线。注意面料起伏处线条会发生弯曲以及错位，并且在起伏处线条的弯曲方向是一致的。

小贴士
用明度更高的彩铅
覆盖在原来较暗的
颜色上，可起到提
亮的作用。

07 色彩调整。用高纯度的蓝色彩铅在裤袜亮部涂色，使裤袜颜色更饱满，色彩过渡更柔和。用黑色彩铅加重蓝色荷叶边的暗部，明确明暗关系。

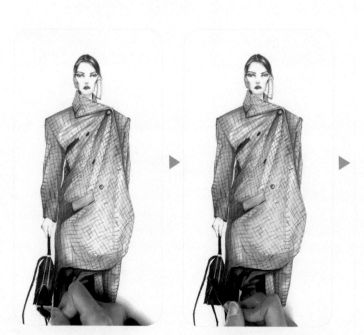

● 工具：高光笔

08 调整细节。用高光笔画出皮包的高光，位置在皮包面与面相交的棱上。

5 条纹面料的质感表现

表现条纹面料时可以把条纹当作布料上的图案来处理。

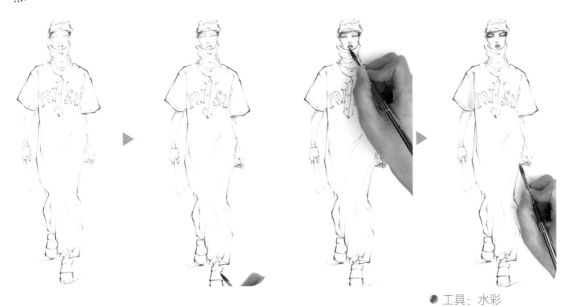

● 工具：水彩

01 起稿并给人物上色。起稿时只需画出服装款式，不要画面料上的条纹。

02 鞋子为黑色，体积感较厚重，用大色块将明暗关系交代出来，然后进入条纹的绘制。帽子上的条纹受到褶皱和头部圆形体积的影响，有交叉关系出现。

小贴士
当面料有明显起伏时，条纹的交叉关系明显。

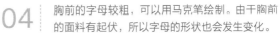

● 工具：马克笔

03 绘制颈部装饰上的条纹时，要注意面料起伏越大，条纹越容易产生交叉关系。反之，当面料平整时，条纹呈现平行关系。

04 胸前的字母较粗，可以用马克笔绘制。由于胸前的面料有起伏，所以字母的形状也会发生变化。

● 工具：针管笔、彩铅

05 │ 画出竖向条纹。在面料平整处线条垂直向下，呈平行关系，遇到褶皱起伏处则向一侧弯折。

06 鞋面为黑色皮草质地，在铺好的底色上用细针管笔、彩铅配合画出毛发，注意线条方向整体呈现向上趋势。

小贴士
黑白条纹的面料视觉感较强，需要将褶皱阴影强化一下。

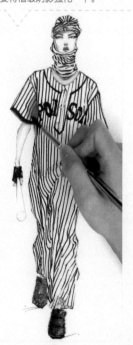  

● 工具：水彩

07 │ 用水彩干画法强化阴影。木棍配饰可简单上色，把圆柱体的侧面阴影加深，打造体积感。鞋子上的皮草用白色彩铅画出层次感。

● 工具：彩铅

6 皮革的质感表现

皮革也是服饰面料中重要的一个类别，其质感根据种类的不同也各有区别，绘制时主要考虑皮革的表面肌理以及光泽感。一般来说，猪皮、牛皮、羊皮、蛇皮和鳄鱼皮表面都做过光滑处理，其中蛇皮和鳄鱼皮的纹理较为明显需要单独刻画。漆皮属于表面光泽感极强的面料，翻皮、麂皮属于表面有粗糙肌理的面料，绘制时需要做特殊处理。

羊皮的质感表现

  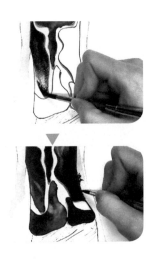

● 工具：水彩

01 起稿后简单勾线，把每块皮料的形状描出来。

02 先为皮肤上色，要注意服装是分割镂空的款式。每片面料底部的皮肤有阴影，代表服装和人体之间的空间关系。

03 用湿画法上基础色。暗部用笔头蘸取高浓度颜料，用笔肚刷出受光部位较浅的颜色。

● 工具：彩铅

04 水彩是半透明属性的颜料，上完底色之后，颜色不够浓，但为了表现出黑色羊皮的黝黑效果，可以用黑色彩铅加重暗部。注意笔触要细腻，暗部力度要大。向亮部过渡，力度逐渐减轻，使过渡自然柔和。

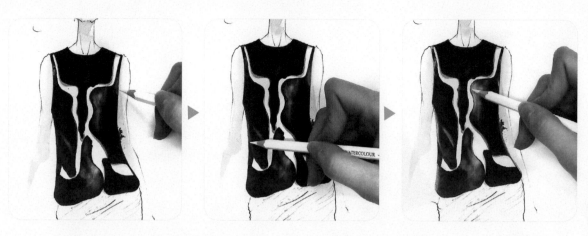

05 绘制亮部。亮部高光柔和黝亮，形状不具体，明暗之间是过渡关系，可用白色彩铅绘制。在皮革的边缘有线状高光，可用毛笔绘制。

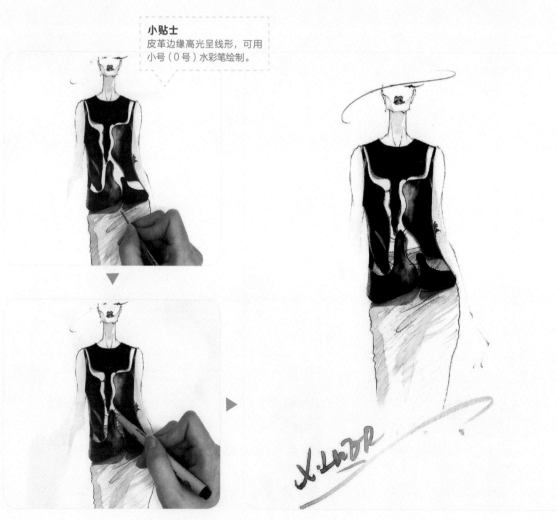

小贴士
皮革边缘高光呈线形，可用小号（0号）水彩笔绘制。

● 工具：针管笔

06 皮革面料之间用黑线连接，最后用针管笔绘制出来。注意线有影子，影子也是线形，颜色更浅一些。最后把裙子简单上色，绘制出上衣在裙子上的阴影。

漆皮的质感表现（1）

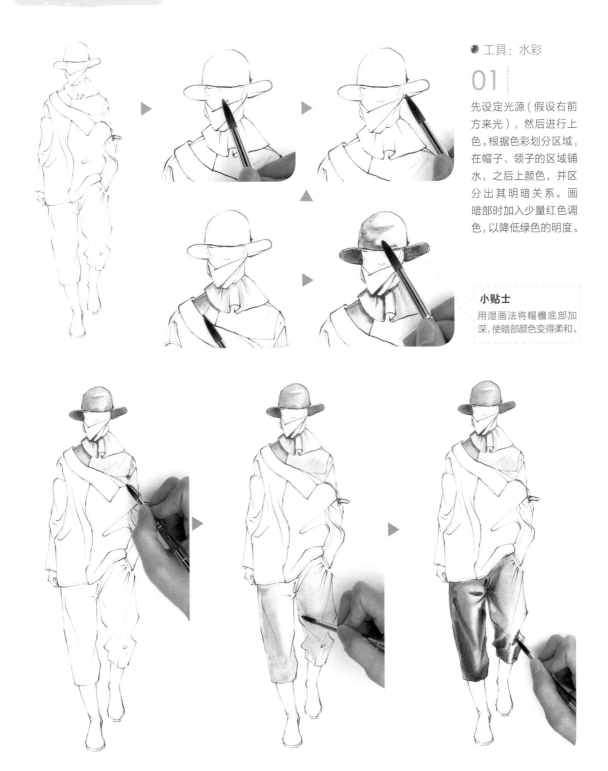

● 工具：水彩

01

先设定光源（假设右前方来光），然后进行上色。根据色彩划分区域，在帽子、领子的区域铺水，之后上颜色，并区分出其明暗关系。画暗部时加入少量红色调色，以降低绿色的明度。

小贴士
用湿画法将帽檐底部加深，使暗部颜色变得柔和。

02

在蓝色区域铺水，然后再上色。裤子颜色较深，上色时先铺水，然后用笔蘸取浓度较高（水量少且颜色深）的颜料，从裤子的边缘落笔。

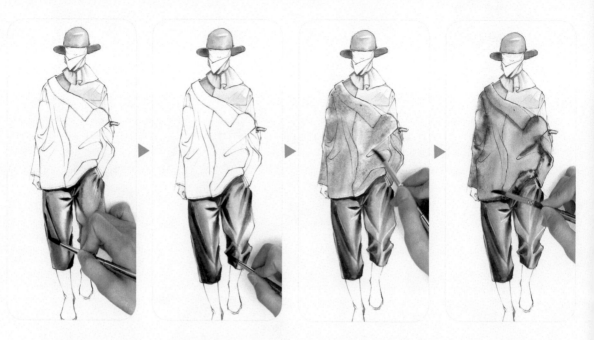

03 笔尖部位的颜料较浓，因此画出来的颜色较深，笔肚部位的颜料较稀，因此画出的颜色较浅。按此方法画完后，裤子边缘的颜色较深，而内部颜色较浅，呈现出立体感。上衣也用同样的方法来画，先铺水，再上色。

● 工具：水彩、彩铅、高光笔

04 靴子为墨绿色，但表面透着鲜亮的光泽感，所以先用高纯度的绿色铺一层，再将边缘颜色加深。接着用彩铅把颜色调整到想要的状态，再用高光笔在鞋头以及鞋面的中间部位加上高光。

小贴士
绘制红色的暗部时，加入少量的绿色混色，使红色的明度及纯度降低。

05 填充服装中其他块面的色彩，并根据设定好的光源方向区分明暗关系。

06 打造皮革上衣的质感。待水彩铺的底色干了以后，颜色会变浅，此时可结合彩铅绘制出皮革的暗部阴影。注意该面料质地光滑，绘制时彩铅的笔触要细腻，力度要均匀。

🔴 工具：高光颜料、水彩

07 漆皮面料的反光为亮白色，并且形状具体。在有缝合线的边缘以及有面料起伏的位置找出高光，用小号水彩笔（0号）逐一画出。

小贴士
鞋面的绘制,参考第 6 步和第 7 步,用彩铅和高光颜料共同完成。

● 工具:彩铅

● 工具:高光颜料

小贴士
使用高光笔画白色线条时,手上的力度要轻,使线条流场。

● 工具:针管笔、高光笔

08 帽子、衣领为格子面料,打好底色后,用彩色针管笔画出横竖交叉的格纹,再用高光笔画出格纹中的白色纹路。

● 工具:水彩

09 帽子的细节调整。将帽檐底部的颜色加深,拉开空间感。

● 工具：针管笔、高光笔

10 将衣身前片的红蓝格纹面料画出，注意格纹间距要均匀，线条方向要一致。

● 工具：小楷笔

11 调整轮廓线，加重转折处，使画面更具立体感。

漆皮的质感表现（2）

● 工具：水彩、高光笔

01 漆皮面料的褶皱明暗对比非常强烈，起稿需要将褶皱画得清楚、准确。

02 基础上色。调够颜色、铺水后再上色。注意漆皮的面料反光严重，容易吸收环境色。调色时可以适当加入其他有彩色系颜色进行混色。

03 先把服装看作是质地硬朗的黑色面料，再进行上色，把暗部形状、灰面形状用具体的色块概括。

● 工具：高光颜料

04 | 绘制反光和高光。反光是亮部中泛白的部分，在调好的基础色中加入白色来绘制反光。反光面积较多，并且深浅有区别。服装受光面的反光处加白更多，背光面加白较少。

05 | 绘制高光。高光出现在褶皱产生折痕的棱上，形状完整，亮度高，可以用高光颜料或者高光笔来画。

小贴士
漆皮面料的反光很亮，形状具体。呈现出镜面的效果。

06 | 相继找出高光的位置与形状，用小号水彩笔（01号）和高光颜料完成刻画。

麂皮的质感表现

● 工具：水彩

01 麂皮面料的表面有粗糙的颗粒感，绘制时要重点表现。

02 铺水后用水彩笔上色，上色时，笔在纸面上适当摩擦，使颜色产生略微粗糙的效果。在湿的情况下加重暗部，使阴影形状的边缘呈现扩散效果。

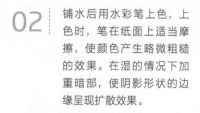

小贴士
水彩干后会比湿润时颜色要浅。

03 找出褶皱的位置，完成阴影上色。注意亮部不是白色，不能留白，盖上一层浅色即可。

● 工具：彩铅

04 用彩铅在服装表面涂色，笔触要细腻，力度要均匀，使面料表层呈现出细密的颗粒感。

小贴士
适当掺入其他颜色，使面料的色彩层次更丰富。

05 一块面料的色彩组成不仅仅是肉眼所看到的一种颜色，绘制时需要加入其他可能存在的环境色来丰富其色彩层次。

● 工具：橡皮

06 调整细节。用橡皮擦出柔和的高光，使布料粗糙中又带有麂皮的柔软顺滑。

7 牛仔面料的质感表现

牛仔面料还有一种称呼为丹宁。无论牛仔还是丹宁都是一种靛蓝染色斜纹布的代名词。
这种布料呈现的颜色深浅及种类较多，没有经过水洗磨白的，画法比较简单，可根据
基础上色法进行上色；当有水洗磨白了，其特征明显，绘制时要掌握一定的技巧。

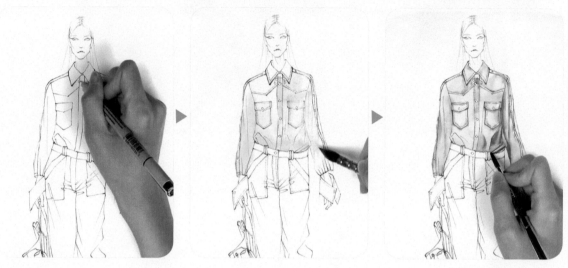

● 工具：针管笔、水彩

01 给衬衫上色。这款衬衫属于浅色牛仔，衣身中间部位有大面积的磨白效果，衣身两侧、面料缝合处颜色较深。
上色时可用湿画法在衣身及衣袖两侧上色，使颜色从边缘向内部自然过渡。

02 给裤子上色。同样用湿画法先铺一遍水，再上底色，腿中间磨白部位的颜色是浅蓝，不要留白。

03 裤子本身颜色较深，阴影部位则更深，调色时可在蓝色里加入红色或橘色。另外，还可以少加水，以降低明度。

● 工具：水彩、铅笔

● 工具：针管笔、高光颜料

04 给人物上色。

05 两个裤腿之间有遮挡关系，颜色较深，可以使用黑色铅笔轻涂，以降低明度。

06 深色层次画完之后，开始做提亮。用 1 号水彩笔，蘸取高光颜料画出服装中磨白的地方，包括布料折边及明线周边。要注意其形状不规则，但大小固定。此时可一边观察一件牛仔服装，一边完成此细节的刻画。

 ▶

07 口袋、搭门、腰头、腰袢、裤缝，都有磨白，使用小号水彩笔描画。

   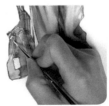 

08 使用小号水彩笔继续完善细节，注意磨白形状要自然，白色浓度可有变化，有的地方可以适当加水，呈现出不同的层次感。

小贴士
用高纯度、少水
的颜料画出面料
上的红色印记。

09 | 调整细节。画出鞋子上的白
色装饰线和白色钉珠。

8 皮草的质感表现

皮草与一般的梭织面料之间最明显的区别在于梭织面料是一层布，而皮草是在这一层布上面插满了毛发。绘制时要先分析组成皮草的单根毛发的长度、弯曲度，然后在服装的边缘刻画出毛发的状态，内部简化处理即可。

短、卷

中长、卷

长、卷

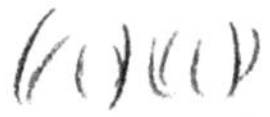

短、直、软

短、直、硬

中长、直、软

中长、直、硬

长、直、软

长、直、硬

● 工具：水彩

01 | 起稿并给人物上色。注意皮草面料的边缘不完整，不要用直线勾勒轮廓，要用垂直于身体方向的短线画出轮廓，
线条的长度、弯曲度代表了这款皮草的毛发状态。

02 | 绘制的服装颜色较浅时，可以用深色绘制背景，通过色彩对比突出主体。绘制背景时，越靠近身体的部位，颜
色越深，空间感更强。

03 | 绘制皮草上衣。先不管毛发，把服装当作是一块浅米色布，画出衣服的暗部。

04 | 短而柔软的毛发可以用水彩配合平头水彩笔绘制。调好颜料，少水。用干燥的平头笔蘸取颜料（需要将笔头在纸上垂直戳一戳，使笔头的毛发呈现分散状），然后在服装的边缘轻轻蹭出一组组的细线，长度和弯曲程度要控制均匀。边缘画好之后再向内部推进，在面料表层画出毛绒感。

05 | 从边缘逐渐向内画出一组组毛发，内部线条逐步减少。一层刻画结束后，再用更深的颜色，从边缘起向内部画，线条数量要减少。

● 工具：高光颜料

● 工具：水彩、彩铅

06 深色层次画完以后，用 0 号水彩笔蘸取高光颜料提亮一些细节，营造出细腻、蓬松的质感。

07 水彩画出的毛发颜色较浅，质地较轻。待水彩干后，再用同色系的彩铅画少量毛发，增强毛发的层次感，使面料更生动。

08 绘制针织裙装。先画出阴影部位的形状、色彩及深浅层次。

09 用略深的颜色画出一些竖线代表针织布料的纹路。注意这些线条实际表现的是凹凸肌理，不是布料上的线条图案，在绘制时要用粗细不均、若隐若现的线条来表现一种自然的效果。

10 围绕画好的竖线，在其左右能画出"麦穗"状的短线，表现出针织的肌理效果。注意此肌理并不需要整张面料都画，只需要在布料的亮部少量刻画。

11 画出鞋底、鞋面的光亮部位以及鞋底的阴影。

9 粗花呢面料的质感表现

面料的成形方式是影响画法的重要因素之一。粗花呢面料是由多种粗细不一、颜色丰富的纱线编织而成，编织时如果对纱线的顺序进行有序排列，还可以形成有规律的格纹或者具有其他图案效果的面料。绘制时要先分析面料中的纱线组成，找出主体色、配色，按照由浅入深的顺序绘制，最后再提亮高光。

● 工具：铅笔

01 | 粗花呢的面料多用于定制套装。面料粗糙，边缘不完整，因此不用针管笔勾线定型，用铅笔起型即可。

● 工具：水彩

02 | 给人物上色。

● 工具：水彩、彩铅

03 | 用水彩铺底色，再用彩铅绘制面料中的纱线。注意纱线无论横向、纵向都是连贯流畅的，并且要随着身体的体积产生微弱的弧度变化。

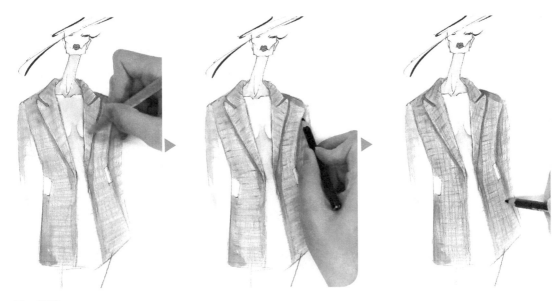

● 工具：彩铅

04 | 用更深的颜色继续绘制纱线，横向、纵向都要画出来。注意面料中的纱线看起来若隐若现，所以颜色轻重及线条粗细都不均匀，绘制时画出的线要有轻重变化。

05 | 服装的基础色铺好之后加入配色。配色在面料中少量出现，均匀地遍布衣身，并且能看见的纱线较短，绘制时可用十字交叉的短线代替。

06 | 在纱线中少量混入的对比色、互补色，可以降低面料颜色的纯度，并使面料的颜色层次更丰富。

07 | 黑色纱线也用同样的横竖交叉画法绘制，直到画出理想的色彩效果为止。

● 工具：针管笔、高光颜料

08 最后用针管笔配合高光颜料画出面料中的白色纱线以及面料表层的毛绒质感。注意白色纱线的数量较少，且看到的白线短促、断续，绘制时要模拟出这种自然效果。